AB - Flatow
Funkausbildungen - Die praktische Prüfung SRC

Wir danken dem Prüfungsausschuss Koblenz Rhein-Mosel
Herrn Axel Kargl - Herrn Wolfgang Bleser - Herrn Ali Bahrami
für die freundliche Unterstützung,

FUNKZEUGNIS

SRC

Short-Range-Certificate

Die praktische Prüfung

Impressum

Texte :   © 2022 Copyright by AB aus C - Flatow
Umschlag :   © 2022 Copyright by AB aus C - Flatow

Bilder : Die verwendeten Bilder wurden durch das Unternehmen Frey-Software genehmigt und eingestellt, ohne ausdrückliche Genehmigung des Unternehmens ICOM mit Sitz in Osaka, Japan.
Das Cover - Funkdienst für die Klein- und Sportschifffahrt - wurde ohne ausdrückliche Genehmigung des BSH eingestellt.

Verantwortlich für den Inhalt : AB-Flatow
                                                   Wagnerstraße 9 A
                                                   27474 Cuxhaven

Druck: epubli – ein Service der Neopubli GmbH, Berlin

INHALTSVERZEICHNIS

Vorwort	S. 08
Das Wesentliche Ultrakurz zusammengefasst	S. 10
Internationale Buchstabier-Alphabet	S. 15
Schema für Sprechmeldungen	S. 16
Was wird geprüft	S. 18
Erklärung der Funkgeräte ICOM M323 / M423	S. 22
Grundeinstellung der Funkgeräte ICOM M323 / M423	S. 26
Ablauf der praktischen Prüfung ICOM M323 / M423	S. 28
Noch einmal zum Üben ICOM M323 / M423	S. 46
Erklärung Funkgerät ICOM M505	S. 84
Grundeinstellung Funkgerät ICOM M505	S. 88
Ablauf der praktischen Prüfung ICOM M505	S. 90
Noch einmal zum Üben ICOM M505	S. 110
27 Seefunk-Texte	S. 148
Message Markers	S. 155
Redewendungen im Schiffsalltag	S. 157
General Terms	S. 161

VORWORT

Der Autor dieses Fachbuches hat 40 Jahre lang die Sprechfunkzeugnisse in der Schifffahrt ausgebildet und nahezu 20 Jahre lang die entsprechenden Prüfungen abgenommen.

Die Erfahrungen zeigen, dass die Praxis besonders aufmerksam zu trainieren ist. Hierfür empfiehlt es sich zusätzlich mit einer Simulations-Software zu arbeiten, die eine realistische Bedienung der Gerätschaften unterrichtet und jederzeit zur Verfügung steht (auch nach einer erfolgreichen Prüfung).

Die in diesem Buch zusammengestellten Prüfungs-Aufgaben, Muster-Funksprüche und DSC-Meldungen behandeln alle möglichen Fragestellungen der Gerätekunde, der Pflichtaufgaben und der sonstigen Fertigkeiten der praktischen Prüfung für das Sprechfunkzeugnis SRC.

Die tabellarischen Darstellungen veranschaulichen Schritt für Schritt die Bedienung der Funkgeräte ICOM M323 / ICOM M423 / ICOM M505.

Die vorgenannten Geräte werden aktuell von den Prüfungsausschüssen verwendet.

Die Aufgaben wurden mit der Simulations-Software SRC Tutor IV aus dem Hause FREY SOFTWARE erstellt.

Der - **Funkdienst für die Klein- und Sportschifffahrt** - herausgegeben vom BSH sollte bei Ihren Vorbereitungen nicht fehlen.

Diesem können Sie u.a. die Kanäle / Frequenzen der Küstenfunkstellen, VTS, Häfen und Marinas sowie die Sendezeiten der Wetterdienste entnehmen.

Schön zu wissen, wo etwas steht.

Funkdienst für die
Klein- und Sportschifffahrt 2021

DAS WESENTLICHE

…ultrakurz für die praktische Prüfung zusammengefasst :

Warum Funk?

Das Ziel der Kommunikation über Funk ist es sich mitzuteilen. Die jeweilige Situation soll bestimmten Funkstellen oder ja nach Sachlage allen Funkstellen bekannt gemacht werden. So kann nachfolgend das gemeinsame Handeln abgestimmt und koordiniert werden.

Mit einem UKW-See-Funkgerät stehen zwei Möglichkeiten der Kommunikation zur Verfügung:

1. Sprechfunk mit einer Reichweite von ca. 25 sm bei einer Sendeleistung von 25 Watt
2. Editieren und Senden von Daten im digitalen Bereich mit einer Reichweite von ca. 30 sm bei einer Sendeleistung von 25 Watt.

„Meldung" nennt man die Bekanntmachung einer Situation.

Es gibt vier Arten von Meldungen, die die jeweilige Situation beschreiben :

1. Notmeldung
2. Dringlichkeitsmeldung
3. Sicherheitsmeldung
4. Routinemeldung

Die ersten drei Meldungsarten, Not-, Dringlichkeits- und Sicherheitsmeldungen haben eine hohe Priorität. Sie müssen immer allen Funkstellen bekannt gemacht werden.

Damit auch alle Funkstellen diese Meldungen aufnehmen, sind Funk-Kanäle. vereinbart worden, die überwacht werden müssen.

Im **Sprechfunk** besteht die **Hörwachen-Pflicht** für den **UKW-Kanal 16**. Dieser Kanal ist zugleich auch der sogenannte **Anruf-Kanal** für Routinemeldungen

Als **Digital Selectiv Call** (DSC) wird die zweite Möglichkeit der Kommunikation im Seefunk auf dem digitalen **Kanal 70** bezeichnet, für den ebenfalls die Verpflichtung besteht empfangsbereit zu sein hat.

Mit dem Einschalten des See-Funkgerätes ist der digitale Kanal 70 immer sende- und empfangsbereit.

Die weitere Abwicklung und Abstimmung des Handelns wird auf sogenannten Arbeitskanälen durchgeführt.

Für **Sprechfunk-Routinemeldungen im Schiff-Schiff-Bereich** stehen mehrere fest vereinbarte Kanäle zur Verfügung :

Schiff - Schiff	Kanal 06	156,300 MHz	An eine SeeFuSt
Schiff - Schiff	Kanal 08	156,400 MHz	An eine SeeFuSt
Schiff - Schiff	Kanal 09	156,450 MHz	An eine SeeFuSt
Schiff - Schiff	Kanal 10	156,500 MHz	An eine SeeFuSt
Schiff - Schiff	Kanal 13	156,650 MHz	An alle SeeFuSt
Schiff - Sendeleistung max 1 W	Kanal 15	156,750 MHz	Funk an Bord
Schiff - Sendeleistung max 1 W	Kanal 17	156,850 MHz	Funk an Bord
Schiff - Schiff	Kanal 67	156,375 MHz	An eine SeeFuSt
Schiff - Schiff	Kanal 69	156,475 MHz	An eine SeeFuSt
Schiff - Schiff	Kanal 72	156,625 MHz	An eine SeeFuSt
Schiff - Schiff	Kanal 73	156,675 MHz	An eine SeeFuSt
Schiff - Schiff	Kanal 77	156,875 MHz	An eine SeeFuSt

Die Funkstelle ist zunächst auf dem **Kanal 16 (Anruf-Kanal)** zu informieren und aufzufordern den gewünschten Schiff-Schiff-Kanal einzuschalten um dann den Funkverkehr weiter zu führen.

Dafür ist es notwendig die Funkstelle mit **Schiffsnamen** und/oder **CALL SIGN** anzusprechen. **AIS-Geräte** (**A**utomatic **I**dentification **S**ystem) geben uns diese Daten an.

Sollte diese Daten nicht vorhanden sein, ist der „ unbekannten „ Funkstelle die eigene **Position** und die **geschätzte Entfernung und Richtung** anzugeben.

Sie benutzen hierfür im Sprechfunk auf dem Kanal 16 den Anruf

„ **Unknown Vessel** "

Beispiel :
unknown vessel - unknown vessel
this is Marita - Marita
in position 54° 31,0´N - 007° 55,6 ´E - two miles ahead
over

Die bis dahin unbekannte Funkstelle wird sich identifizieren und eine Kanal-Absprache kann folgen.

Routine-Sprechfunk kann natürlich auch mit Such- und Rettungsdiensten, Telekommunikationsdiensten und Revierdiensten geführt werden.

Diese jeweiligen Arbeitskanäle können dem **Handbuch Nautischer Funkdienst , dem Funkdienst für die Klein- und Sportschifffahrt** (jeweils regionale Abdeckung Nordsee und Ostsee) oder der **Admiralty List of Radio Signals** (weltweite Abdeckung) entnommen werden.

Meldungen mit hoher Priorität, also **Not-, Dringlichkeits- und Sicherheitsmeldungen**, werden im Sprechfunk auf dem Kanal 16 (Hörwachen-Pflicht) verbreitet.

Kommen wir zum zweiten Weg im Seefunk, dem Editieren, also Schreiben und Senden von Daten im **digitalen Bereich über den Funkkanal 70.**

Über ein MENU des Funkgerätes können die möglichen digitalen Anrufe DISTRESS CALL, ALL SHIPS CALL und INDIVIDUAL CALL gesendet und angekündigt werden.

ALL SHIPS CALL und INDIVIDUAL CALL sind editierte Ankündigungen, sie enthalten keine Gesprächs-Informationen. Wir kündigen auf dem Kanal 70 in geschriebener Form an, dass wir auf einem Arbeits-Kanal etwas zu sagen haben.

Ein DISTRESS CALL, also die Notmeldung, beinhaltet weitere Informationen, wie Position, Uhrzeit und Art der Havarie.

Für diese CALLS werden die **MMSI (M**aritime **M**obile **S**ervice **I**dentity)der Funkstellen benötigt, die wir ebenfalls in den vorgenannten Funkdiensten finden können.

Im vorherigen Abschnitt haben wir angegeben, dass der Kanal 70 immer sende- und/oder empfangsbereit ist.

Hierzu ein wichtiger Hinweis :

In der Sportschifffahrt ist es üblich **ein Funkgerät** mit einer Sende- und Empfangsantenne an Bord zu haben. Das bedeutet, dass wir mit dieser Funkanlage entweder Senden oder Empfangen können. Senden wir, können wir nicht empfangen. Empfangen wir, können wir nicht senden !!

Führen wir einen Sprechfunk und würde zu diesem Zeitpunkt von einer anderen Funkstelle über den Kanal 70 eine digitale Meldung gesendet werden, **kann diese nicht empfangen werden.**

Die Funk-Ausrüstungs-Pflicht für die gewerbliche Schifffahrt verlangt daher zwei Funkgeräte mit zwei Antennen.

Im internationalen Seefunk ist **Funk-Englisch** als Sprache vereinbart. Standard-Redewendungen (Communication Phrases) und ein Schema für Sprechmeldungen im GMDSS (Global Maritime Distress Safety System) sollen Missverständnisse und Falschdeutungen vermeiden.

Und wenn es einmal schwierig mit der Verständigung wird, heißt es buchstabieren. Dafür wurde das **Internationale Buchstabier-Alphabet,** auch als NATO-Alphabet bezeichnet, entwickelt.

Schiffs- oder Orts- oder Eigennamen und schwer verständliche Wörter sind dann innerhalb einer Meldung zu wiederholen und/oder zu buchstabieren. Zahlen sind in Ziffern anzugeben.

Beispiel :

M/V Freyburg

Motor Vessel Freyburg

i repeat and spell *- F r e y b u r g*
Foxtrott - Romeo - Echo - Yankee - Bravo - Uniform - Golf

… last seen in position 53-53N 008-56E

five - three - degrees - five - three - minutes north
zero - zero - eight - degrees - five - six - minutes east -

i repeat

five - three - degrees - five - three - minutes north
zero - zero - eight - degrees - five - six - minutes east

INTERNATIONALES BUCHSTABIER-ALPHABET

A	Alfa	AL FAH
B	Bravo	BRA WO
C	Charlie	TSCHAHR LI
D	Delta	DEL TAH
E	Echo	ECKO
F	Foxtrot	FOX TROTT
G	Golf	GOLF
H	Hotel	HO TELL
I	India	IN DI AH
J	Juliett	JUH LI ETT
K	Kilo	KI LO
L	Lima	LIMAH
M	Mike	MEIK
N	November	NO WEMM BER
O	Oscar	OSS KAR
P	Papa	PA PAH
Q	Quebec	KI BECK
R	Romeo	RO MIO
S	Sierra	SSI ER RAH
T	Tango	TANG GO
U	Uniform	JU NI FORM
V	Victor	WICK TOR
W	Whiskey	WISS KI
X	X-Ray	EX REH
Y	Yankee	JENG KI
Z	Zoulou	SUH LU

0	Zero	Zeero	Nada-zero
1	one	Wun	Una-one
2	two	Too	Bisso-two
3	three	Tree	Terra-three
4	four	Fower	Karte-four
5	five	Fife	Panta-five
6	six	Six	Soxi-six
7	seven	Seven	Sette-seven
8	eight	Ait	Okto-eight
9	nine	Niner	Nove-nine

Schema für Sprechmeldungen / GMDSS / WRC07 und WRC 12

Notmeldung	Not weiterleiten	Not bestätigen	Not Funkstille	Not beenden	Dringlichkeit	Dringlichkeit zurückziehen	Sicherheit	Sicherheit zurückziehen	Routine
3 x Mayday	3 x Mayday Relay	1 x Mayday	1 x All Stations or 1 x Name Disturber	3 x Mayday	3 x Pan Pan	3 x Pan Pan	3 x Securite	3 x Securite	3 x Shipsname 1 x Callsign or 3 x Station *
	3 x All Stations oder 3 x Station * 1 x MMSI	1 x Shipsname (Havarist) 1 x Callsign oder (Havarist) 1 x MMSI*		3 x All Stations	3 x All Stations or 3 x Station * 1 x Callsign 1 x MMSI	3 x All Stations or 3 x Station * 1 x Callsign 1 x MMSI	3 x All Stations or 3 x Station * 1 x Callsign 1 x MMSI	3 x All Stations or 3 x Station * 1 x Callsign 1 x MMSI	This is 3 x Shipsname 1 x Callsign 1 x MMSI
This is 3 x Shipsname 1 x Callsign 1 x MMSI	This is 3 x Shipsname 1 x Callsign 1 x MMSI	This is 1 x Shipsname 1 x Callsign		This is 3x Shipsname 1 x Callsign 1 x MMSI	This is 3 x Shipsname 1 x Callsign 1 x MMSI	This is 3 x Shipsname 1 x Callsign 1 x MMSI	This is 3 x Shipsname 1 x Callsign 1 x MMSI	This is 3 x Shipsname 1 x Callsign 1 x MMSI	Message
Maday 1 x Shipsname 1 x Callsign 1 x MMSI* Position at UTC Kind of Distress Possible other Information	at UTC received "Maday 1 x Shipsname 1 x Callsign 1 x MMSI* Position at UTC Kind of Distress and other Information" or observed Kind of Distress	Received Mayday		at UTC 1 x Shipsname (Havarist) 1 x Callsign 1 x MMSI	Message	Cancel my Urgency Message of Date and Time	Message	Cancel my Safety Message of Date and Time	
Over	Over	Over	Silence Mayday	Silence Fini	Over	Over	Over	Over	Over

Dieses Sprechschema ist unbedingt einzuhalten.

Hinweise : *

Eine Mayday-Relay-Meldung, Dringlichkeits- und Sicherheitsmeldung kann an eine Küstenfunkstelle oder eine andere Seefunkstelle gerichtet werden.

Die MMSI kann nur dann bei einer Mayday-Relay-Meldung genannt werden, wenn diese im Sprechfunk vorher genannt oder per DSC übermittelt worden ist.

Die MMSI kann bei einer Bestätigung der Not nur dann genannt werden, wenn diese im Sprechfunk vorher genannt oder per DSC übermittelt worden ist.

Die MMSI bitte in einer Dreier-Gruppe angeben, also z.B. 211 332 640 - two one one - three three two - six four zero

Der Shipsname des Havaristen ist nur dann bekannt, wenn er über eine Sprechmeldung angegeben worden ist. Er wird nicht per DSC übermittelt

Während der Abgabe der Sprechmeldungen kann bei guter Verständigung auf das Buchstabieren der Schiffs-, Orts- und anderer Eigennamen verzichtet werden

Alle Sprechmeldungen sind langsam durchzuführen. Fehler innerhalb einer Sprechmeldung sind sofort zu korrigieren

Beispiel : Position 54° 34,2'N 007° 12,4'E - Sie geben die Position 45° 34,2'N 007° 12,4'E an

..... in position 45° - mistake - correction - in position 54° .....

Bitte beginnen Sie bei einem Fehler nicht wieder von vorne mit der Meldung und fragen Sie bei der Prüfung bitte nicht, ob Sie wieder vor vorne anfangen dürfen. Sie haben hier nur zwei Versuche und es gilt als wenig gut vorbereitet

WAS WIRD GEPRÜFT ?

1. Theoretische Prüfung

    - Beantwortung eines Fragebogens mit 23 Fragen im Single-Choice-Verfahren

    - Aufnahme eines englischen Diktates unter Anwendung des Internationalen Buchstabier Alphabetes

    - Übersetzung des aufgenommenen englischen Textes ins Deutsche

    - Übersetzung eines deutschen Textes ins Englische unter Beachtung der Standard-Redewendungen

2. Praktische Prüfung - **vier Pflicht-Aufgaben (A)***

(1) Aussendung der Notmeldung
(2) DSC-Controller editieren und Senden eines Notalarms
(3) Beenden des Notverkehrs
(4) DSC-Controller editieren, Senden eines Dringlichkeitsanrufes und Abgabe der Dringlichkeitsmeldung

3. Praktische Prüfung - **vier Pflicht-Aufgaben (B)***

(5) Speicherabfrage und Bestätigung des Empfangs eines DSC-Notalarms
(6) Weiterleitung eines Notalarms bzw. einer Notmeldung per Sprechfunk
(7) Aufhebung eines Fehlalarms
(8) DSC-Controller editieren, Senden eines Sicherheitsanrufes und Abgabe der Sicherheitsmeldung

* entweder 2 (**A**) oder 3 (**B**)

4. Praktische Prüfung - **Sonstige Fertigkeiten (A / B) 2 Aufgaben**

(9) Aussenden eines Notalarms durch eine Funkstelle, die sich nicht in Not befindet
(10) DSC-Speicherabfrage und Empfangsbestätigung
(11) Abwicklung des Notverkehrs
(12) Abwicklung des Funkverkehrs vor Ort
(13) Funkstille gebieten
(14) Aufhebung eines Dringlichkeitsmeldung
(15) DSC-Controller editieren und Senden eines Routineanrufes an eine Seefunkstelle
(16) Kanalwechsel
(17) Abwicklung des Routineverkehrs mit einer Seefunkstelle
(18) DSC-Controller editieren und Senden eines Routineanrufes an eine Küstenfunkstelle
(19) Abwicklung des Routineverkehrs mit einer Küstenfunkstelle
(20) Einstellen des DSC-Controllers

In der praktischen Prüfung erhalten Sie Prüfungskarten mit den entsprechenden Aufgaben

Beispiel einer Prüfungskarte:

> Auf Ihrer Segelyacht Saphir, MMSI 211003227, Rufzeichen DG 7719, ist um 241655 UTC Aug auf der Position 54-33,3N 012-26,4E ist ein Besatzungsmitglied über Bord gegangen. Es wird dringend Such- und Rettungshilfe erbeten.
>
> Saphir, MMSI 211003227, CALL SIGN DG 7719, position 54-33,3N 012-26,4E at 241655 UTC Aug, person over board, require immediate search and rescue assistance.
>
> Leiten Sie den Funkverkehr ein

Sie entnehmen der Aufgabe den Rang der Wichtigkeit, d.h. Not ? oder Dringlichkeit ? oder Sicherheit ? oder Routine ?

Im Beispiel ist es eine Notmeldung. Diese Notmeldung ist nun von Ihnen **ohne weitere Notizen** zu verbreiten.

Sie sehen auf der Prüfungskarte bereits einen englischen Textvorschlag für Ihre Meldung. Achten Sie bitte darauf, dass die Meldung in der richtigen Reihenfolge vorgenommen wird :

1. Wo (ist etwas passiert) ?
2. Wann (ist es passiert) ?
3. Was (ist passiert) ?
4. Welche Art Hilfe benötigen Sie ?

Not-, Dringlichkeits-, Sicherheitsmeldungen sind zuerst per DSC und nachfolgend per **Sprechfunk** zu senden.

Das Schema für die Sprechfunkmeldung muss Ihnen vollständig bekannt sein. Abweichungen werden nicht akzeptiert.

Sie benutzen bitte das Internationale Buchstabier-Alphabet, wenn Wiederholungen notwendig werden, ebenso für das CALL SIGN, z.B.

DG 7719 - Delta Golf - zeven - zeven - one - nine

Positionsangaben und Uhrzeit werden in Einzelziffern ausgesprochen, z.B.

54-33,3N - 012-26,4E
five - four degrees - three - three- decimal - three minutes north
zero - one - two degrees - two - six - decimal - four minutes east

Das angegebene Date/Time-Format ist richtig zu lesen :

241655 UTC Aug bedeutet es ist der 24- August - 16-55 UTC

Bei einer Notmeldung ist die Angabe des Tages und Monates unsinnig, da eine Notmeldung immer sofort am Tag des Geschehens erfolgt. Somit wird nur die Uhrzeit als Weltzeit (UTC) angegeben.

Bei der Beendigung der Not ist die Angabe des Tages dann richtig und wichtig, wenn der Notverkehr über einen Tageswechsel erfolgte.

ERKLÄRUNG DER FUNKGERÄTE ICOM M323 / M423

Die Funkgeräte M323 und M423 sind in der Bedienung gleich. Der Unterschied liegt im digitalen Bereich.

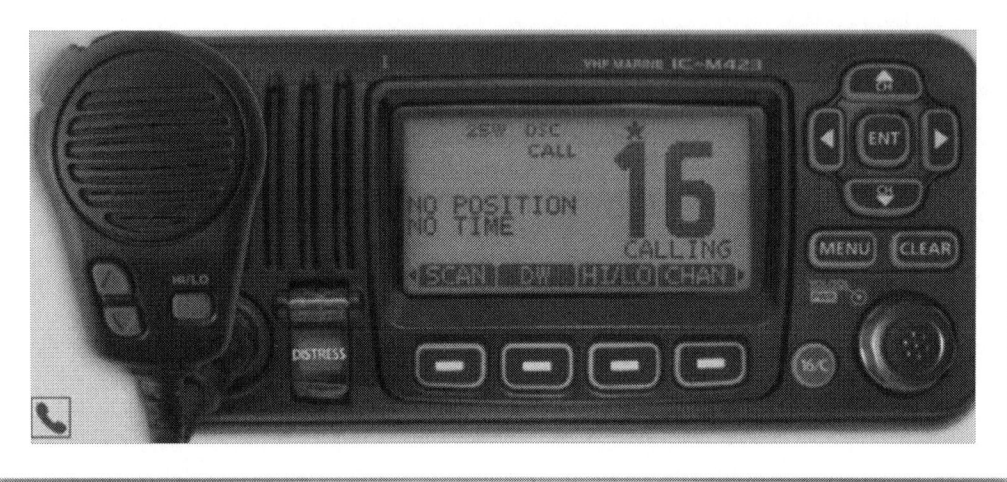

Belegung DISPLAY und Tasten

1. **DISPLAY** - Angaben

(a) 25W = 25 Watt Sendeleistung
(b) DSC = Kanal-Gruppe DSC = Seefunk
(c) Stern = Markierter Kanal für den Sendersuchlauf
(d) CALL = zeigt an das dieser Kanal 10 der Anruf-Kanal ist (also Hörwache)
(e) NO POSITION = keine Angabe ohne GPS-Verbindung
(f) NO TIME = keine Angabe ohne GPS-Verbindung
(g) CALLING = eigener gewählter Name für den eingestellten Kanal

2. **MIKROFON** mit HI/LO-Taste für die Sendeleistungen HI = 25 Watt / LO = 1 Watt, Pfeiltasten für den Wechsel der Funkkanäle und links oben der PTT-Taste - Push-To-Talk Taste. Für das Senden einer Sprechmeldung muss diese gedrückt für das Hören wieder losgelassen werden.

3. **DISTRESS**-Taste = Aussendung des Notfalles

4. Die **SOFT**-Tasten unterhalb des Display sind individuell belegbar (s. Configuration - Key Assignment), hier im Bild mit **SCAN / DW / HI/LO / CHAN** belegt. Die Reihenfolge der Softkey-Anzeigen variiert je nach Version oder Programmierung des Funkgeräts

(a) **SCAN** = Suchlauf
(b) **DW** = DualWatch = Zweikanal-Überwachung
(c) **HI/LO** = Sendeleistungen HI 25 Watt / LO 1 Watt
(d) **CHAN** = Zurückschalten auf den zuletzt benutzten Kanal

- Durch Drücken der Pfeiltasten links/rechts im Tastatur-Block ENT können die weiteren Belegungen gesehen werden.möglich. Für die Prüfung empfehlen wir die Belegung wie auf dem Bild. Weitere mögliche Belegungen könnten sein :

(e) PA = Public Adress = Öffentliche Adresse, also an Alle - Ein angeschlossenes Megaphon kann bedient werden
(f) RX = Receiver, hier ein angeschlossener Lautsprecher der eingeregelt werden kann (Lautstärke)
(g) HORN = Nebelschallsignale mit einem angeschlossenen Megaphon
(h) INCM = Mögliche Interne Kommunikation auf dem Schiff (Kabelverbindung) z.B zwischen Brücke und Maschinenraum
(i) AQUA = Die AquaQuake-Funktion drückt eventuell eigedrungenes Wasser aus dem Lautsprecher heraus
(j) STERN = dient zum Markieren von Kanälen die gescannt werden sollen
(k) NAME = dient zur Beschriftung der Kanäle z.B. COMMERCIAL
(l) BKLT = Hintergrundbeleuchtung
(m) LOG = Angabe der gesendeten und empfangenen Meldungen (nur im Seefunk)

4. Taste **16C** - Durch Drücken dieser Taste wird immer die Grundeinstellung vorgenommen, Kanal 16 (**C** = CLEAR)

5. **VOL/SQL/PWR** - Der Drehknopf hat grundsätzlich die drei Funktionen* :

(a) Das Gerät wird hiermit durch Drücken ein- und ausgeschaltet (**PWR**).
(b) Nach dem Einschalten kann durch ein nochmaliges kurzes Drücken die Lautstärke (**VOL**) geregelt werden.
(c) Durch zweimaliges kurzes Drücken wird die Rauschsperre (**SQL**) angepasst.

- In der Configuration - Key Assignment - können weitere Belegungen vorgenommen werden.
-

6. Die **MENU**-Taste führt uns zu

(1) Radio Settings

(a) Scan Type = Normal = Suchlauf für alle mit Stern festgelegten Kanäle oder Priority = Suchlauf für alle mit Stern festgelegten Kanäle bei gleichzeitiger Überwachung Kanal 10 Binnenschifffahrtsfunk oder Kanal 16 Seefunk
(b) Scan Timer = Zeitpause für Suchlauf bei Empfang eines Signals
(c) Dual / Tri-Watch = Zwei-, oder Dreikanal-Überwachung - Falls ein Signal auf Kanal 10 im Binnenschifffahrtsfunk oder Kanal 16 im Seefunk empfangen wird wird die Zwei-, oder Dreikanal-Überwachung sofort gestoppt
(d) CHAN Group = Es gibt drei Kanalgruppen : ATIS / DSC / INT die eingestellt werden können. Im Binnenschifffahrtsfunk ist die Kanalgruppe ATIS einzustellen

(2) Configuration

(a) Backlight = Hintergrundbeleuchtung
(b) Display Contrast
(c) KEY Beep = Tasten-Quittungs-Ton
(d) Key Assignment = Tastenbelegung, hier Drehknopf und Soft-Tasten
(e) UTC Offset = Eingabe der Zeitverschiebung in Stunden für die Ortszeit
(f) Noise Cancel = Sende- und Empfangsrauschminderungen
(g) Inactivity Timer = Bei Inaktivität im DSC-Modus, also digitalen Funkverkehr (nur im Seefunk) Zeiteinstellung für die Rückkehr in den Normalbetrieb
(h) Remote ID = Indentifikationsnummer für eine Fernbedienung

(3) MMSI/GPS-Info

(a) MMSI = Angabe der MMSI-Nummer
(b) ATIS = Angabe der ATIS-Nummer
(c) LAT = Bei GPS-Verbindung Angabe der geographischen Breite
(d) LON = Bei GPS-Verbindung Angabe der geographischen Länge
(e) UTC = Bei GPS-Verbindung Angabe der Weltzeit
(f) SOG = Bei GPS-Verbindung Angabe Geschwindigkeit über Grund
(g) COG = Bei GPS-Verbindung Angabe Kurs über Grund

7. **CLEAR**-Taste führt uns schrittweise aus den Untermenüs zum Hauptmenü

8. Tastatur-Block **ENTER** - Pfeile nach oben oder unten dienen zum Einstellen der gewünschten Funk-Kanäle

GRUNDEINSTELLUNG FUNKGERÄTE M323 / M423

Seefunk-Modus bei Kombi-Anlagen

Die Geräte M323 / M423 sind **Kombi-Geräte** für den Binnen- und Seefunk und führen im Binnenfunk **analogen** (Sprechfunk) und im Seefunk **analogen** (Sprechfunk) und **digitalen** (DSC) Funkverkehr durch.

ICOM **M323 / M423**	
PWR	*Einschalten*
	25 W - DSC - CALL - 16
SQL / VOL	*Squelchen / Lautstärke einstellen*
wenn Display 1 W - ATIS - 10 - oder *25 W - INT - CALL 16 - dann auf DSC-Seefunk umstellen*	
MENU	*MENU* *Radio Settings*
ENT	*RADIO SETTINGS* *CHAN Group*
ENT	*CHAN GROUP* *DSC*
ENT	
SOFT-TASTE EXIT	*25 W - DSC - CALL - 16*
SQL / VOL	*Anruf im Sprechfunk*

Achten Sie bitte unbedingt darauf, dass Sie den **DSC-Anteil** aufrufen und nicht die Kanalgruppe INT.

Auf dem **Sprechfunk-Kanal 16 besteht Hörwachen-Pflicht**. Damit ist dieser Kanal (Anruf-Kanal) grundsätzlich einzuschalten.

VOL
Mit dem VOL-Regler wird die Lautstärke eingestellt

SQL
Mit dem Squelch-Funktion erhöhen Sie die Empfangsempfindlichkeit und würden so auch Kenntnis von einem Gespräch erhalten, welches am äußersten Ende der Reichweite stattfindet.

Dieses Gespräch könnten Sie durch eine eigene Aussendung stören, was unbedingt zu vermeiden ist.

Bei **jedem Kanalwechsel** ist erneut zu squelchen, um zu überprüfen, ob auf diesem Kanal z.Zt. ein Funkgespräch läuft.

Achten Sie bitte darauf, dass Sie vor dem Squelchen die Lautstärke so reduzieren, dass das Rauschen angenehm für die Ohren bleibt.

Richtig Squelchen :

- Drehknopf VOL ganz nach links drehen
- Drehknopf SQL nach links drehen
- Drehknopf VOL langsam nach rechts drehen und angenehme Lautstärke
- einstellen
- Drehknopf SQL langsam nach rechts drehen bis das Rauschen nicht mehr zu hören ist .

GRUNDEINSTELLUNG

ICOM M323 / M423	
PWR	*25 W - DSC - CALL - 16*
SQL / VOL	*Squelchen / Lautstärke einstellen*

Die nachfolgenden **Trainings-Aufgaben** sind den Aufgaben in der Prüfung sehr ähnlich.

ABLAUF EINER PRAKTISCHEN PRÜFUNG ICOM M323 / M423

Prüfungsteil A - Vier Pflichtaufgaben

Aufgabe (1) - DSC Controller editieren und Senden eines Notalarms

Auf Ihrer Motoryacht Cuxhaven Star - MMSI 211 003 227 - CALL SIGN DGDB - ist ein Besatzungsmitglied über Bord gegangen - 241655UTCAug - Position 48°-10,3´N - 008°-25,4´W. Es wird dringend Such- und Rettungshilfe erbeten

Cuxhaven Star - MMSI 211 003 227 - CALL SIGN DGDB - 241655UTCAug - position 48°-10,3´N - 008°-25,4´W - person over Board, require immediate search and rescue assistance.

Leiten Sie den Funkverkehr ein

ICOM M323 / M423	
PWR	*25 W - DSC - CALL - 16*
SQL / VOL	*Squelchen / Lautstärke einstellen*
MENU	*Menu* *DSC CALLS*
ENT	*DSC CALLS* *Distress Call*
ENT	*DSC CALLS* *Man Overboard*
ENT	*DISTRESS CALL* *No Position Data / No Time Data oder* *andere Postion / andere Zeit*
CHG - SOFT-TASTE	*DISTRESS CALL* *LAT eingeben - 48-10-3 N - FINISH* *LON eingeben - 008-25-4 W - FINISH* *UTC eingeben - 1655 - FINISH* *48°10,3N - 008°25,4W - 16.55 UTC*
ENT	*Distress CALL* *Push DISTRESS button 3 sec*
DISTRESS 3 sec	*Waiting for ACK* *Next TX after* *4 min* *(Beachten Sie bitte den **Hinweis** auf der nächsten Seite)*
nach Erhalt des ACK folgt die Notmeldung per Sprechfunk	

Hinweis :

Die Bedienung der SOFT-TASTE CANCEL bedeutet nicht, dass der Distress Call gecancelt wird, sondern lediglich die Wiederholung der DSC-Aussendung, die fortlaufend nach 4 Minuten erfolgt, wenn bis dahin keine Bestätigung eingegangen ist.

Die Bedienung der SOFT-TASTE RESEND führt direkt zur Wiederholung der DSC-Aussendung

Aufgabe (2) - Aussenden der Notmeldung

Nach dem Senden des DSC-Notalarms erhalten Sie in der Regel von einer Küstenfunkstelle ein Acknowledgement, also eine Bestätigung und können nun die Notmeldung im Sprechfunk aussenden.

ICOM M323 / M423	
PWR	25 W - DSC - CALL - 16
SQL / VOL	Squelchen / Lautstärke einstellen
	Anruf im Sprechfunk

```
                    mayday - mayday - mayday
this is Cuxhaven Star - Cuxhaven Star - Cuxhaven Star - DGDB- 211 003 227 *
             mayday Cuxhaven Star - DGDB - 211 003 227 *
  in position 48° 10,3´N 008° 25,4´W - at 1655 UTC - person over bord
             require immediate search an rescue assistance
                                over
```

*MMSI immer dann angeben wenn vorher DSC Alarmierung

Aufgabe (3) - Beenden des Notverkehrs

Cuxhaven Star - MMSI 211 003 227 - DGDB - Person über Bord - 241655UTC Aug - Position 48°-10,3´N - 008°-25,4´W. Die Rettung ist erfolgt um 1725 UTC
Leiten Sie den Funkverkehr ein

Das Beenden des Notverkehrs geht nur per Sprechfunk !

ICOM M323 / M423	
PWR	*25 W - DSC - CALL - 16*
SQ und VOL	*Squelchen / Lautstärke einstellen*
	Anruf im Sprechfunk

---

mayday

all stations - all stations - all stations

this is Cuxhaven Star - Cuxhaven Star - Cuxhaven Star - DGDB - 211 003 227

at 1725 UTC - Cuxhaven-Star - DGDB - 211003227

silence fini

Aufgabe (4) - DSC Controller editieren - Senden eines Dringlichkeitsanrufes und Abgabe der Dringlichkeitsmeldung

Nordstern - 211 003 227 - DEAA - Maschinenausfall - Manövrierunfähig - Hohe Dünung - benötigt dringend Schlepperhilfe - Position 48° 23,8´N - 007° 10,4´W - 121516UTCSep

Leiten Sie den Funkverkehr ein

ICOM M323 / M423	
PWR	*25 W - DSC - CALL - 16*
SQL / VOL	*Squelchen / Lautstärke einstellen*
MENU	Menu DSC CALLS
ENT	DSC CALLS All Ships Call
ENT	ALL SHIPS CALL Urgency
ENT	ITU CH - CHAN : 16
Dringlichkeitsmeldungen immer auf Kanal 16 - Ausnahme, Kanal 16 ist mit einer Notmeldung belegt - dann ein anderer Schiff-Schiff-Kanal	
ENT	ALL SHIPS CALL To: All Ships Urgency CH 16 Telephony
SOFT-TASTE CALL	*TRANSMITTING ALL SHIPS CALL* *ALL SHIPS CALL* *25W - 16*
SQL / VOL	*Squelchen / Lautstärke einstellen*
	Anruf im Sprechfunk

pan pan - pan pan - pan pan

all stations - all stations - all stations

this is Nordstern - Nordstern - Nordstern - DMIK - 211 003 227

in position 48° 23,8´N - 007° 10,4´W - at 1516 UTC - engine is out of order -

high swell - ship is not under command - require tug assistance

over

Prüfungsteil B - Vier Pflichtaufgaben

Aufgabe (5) - Speicherabfrage und Bestätigung des Empfangs eines DSC-Notalarms

Die Bremen - 211 281 540 - DDAB hat einen DSC-Notalarm aufgenommen - 241659UTCAug -

ICOM M323 / M423	
PWR	25 W - DSC - CALL - 16
SQL / VOL	Squelchen / Lautstärke einstellen
MENU	Menu DSC Calls
ENT	DSC CALLS Received Call Log
ENT	RCVD CALL LOG Distress
ENT	16:59 Distress
ENT	z.B. Distress From : **211497470** Fire 57° 05,3´N - 007° 19,4´E 16:59 UTC Telephony
SOFT-TASTE EXIT	25 W - DSC - CALL - 16
SQL / VOL	Squelchen / Lautstärke einstellen
	Anruf im Sprechfunk

Eine Bestätigung (Acknowledgement) durch ein Fahrzeug, welches im Stande ist Hilfe zu leisten, kann nur dann gegeben werden, wenn die Bestätigung durch eine Küstenfunkstelle ausbleibt. Die Bestätigung der Notmeldung wird per Sprechfunk Kanal 16 durchgeführt.

> mayday
>
> **211 497 470**
>
> this is Bremen - DDAB
>
> received mayday
>
> over

Aufgabe (6) - Weiterleitung eines Notalarms bzw. Notmeldung per Sprechfunk

Bremen - 211 281 540 - DDAB - 241655UTCAug
Folgende Mitteilung ist auf der Bremen im Sprechfunk eingegangen
mayday - mayday - mayday this is Cuxhaven Star - Cuxhaven Star - Cuxhaven Star - DGAA - 211497470 mayday Cuxhaven Star - DGAA - 211497470 in position 57° 05,3´N - 007° 19,4´E - at 1655UTC fire in engine room require immediate fire and rescue assistance over
Leiten Sie die Notmeldung weiter

Gemäß WRC 07 und WRC 12 ist eine Weiterleitung eines Notrufes bei einer guten Sprechfunkverbindung zunächst per Sprechfunk zu senden.

ICOM M323 / M423	
PWR	*25 W - DSC - CALL - 16*
SQL / VOL	*Squelchen / Lautstärke einstellen*
	Anruf im Sprechfunk

mayday relay - mayday relay - mayday relay all stations - all stations - all stations this is Bremen - Bremen - Bremen DDAB at 1655 UTC following message received on distress channel 16 mayday - Cuxhaven - DGAA - 211 497 470 - position 57° 05,3´N 007°19,4´E - fire in engine room - require immediate fire and rescue assistance - end of message over

Nur wenn **keine gute Sprechfunkverbindung** zu erwarten ist oder der Versuch per Sprechfunk fehlgeschlagen ist, **dann eine Weiterleitung per DSC an die Küstenfunkstelle.**

Aufgabe (7) - Aufhebung eines Fehlalarms

Mainz - DDPW - MMSI 211 346 750 - 1233 UTC
Versehentliche Auslösung eines Notalarms

Leiten Sie den Funkverkehr ein

Wenn der DSC-Alarm (Fehlalarm) vollständig gesendet wurde ist zuerst die Wiederholung der automatischen Aussendung zu canceln (SOFT-TASTE CANCEL) und dann die Aufhebungen per Sprechfunk durchzuführen

ICOM M323 / M423	
PWR	*25 W - DSC - CALL - 16*
SQL / VOL	*Squelchen / Lautstärke einstellen*
	Anruf im Sprechfunk

```
         all stations - all stations - all stations
       this is Mainz - Mainz - Mainz DDPW - 211 346 750
            please cancel my distress alert of 1233 UTC
                           over
```

Aufgabe (8) - DSC-Controller editieren - Senden eines Sicherheitsanrufs und Abgabe der Sicherheitsmeldung

Nordstern - DMIK - 211 721 720 - in position 48° 23,4´N - 007° 10,2´W - 1244 UTC - observed drifting containers - ships are requested to keep a wide berth

Leiten Sie den Funkverkehr ein

ICOM M323 / M423	
PWR	25 W - DSC - CALL - 16
SQL / VOL	Squelchen / Lautstärke einstellen
MENU	Menu DSC Calls
ENT	DSC CALLS All Ships Call
ENT	ALL SHIPS CALL Safety
ENT	ALL SHIPS CALL ITU CH CHAN : 16
Sicherheitsmeldungen immer auf Kanal 16 - Ausnahme, Kanal 16 ist mit einer Notmeldung belegt - dann ein anderer Schiff-Schiff-Kanal	
ENT	ALL SHIPS CALL To: All SHIPS Safety CH 16 Telephony
SOFT-TASTE CALL	TRANSMITTING ALL SHIPS CALL ALL SHIPS CALL 25 W - DSC - 16
SQL / VOL	Squelchen / Lautstärke einstellen
	Anruf im Sprechfunk

securite –securite – securite

all stations – all stations – all stations

this is Nordstern – Nordstern – Nordstern – DMIK – 211 721 720

in position 48° 23,4 N – 007° 10,2 W – at 1244 UTC – observed drifting containers – ships are requested to keep wide berth

over

SONSTIGE FERTIGKEITEN

Aufgabe (9) - Aussenden eines Notalarms durch eine Funkstelle die selbst nicht in Not ist

Nordstern - DMIK - 211 721 720 - in position 55° 16´N 016° 23´E - 241655UTCAug - red rockets observed in true bearing of 45 degrees - all ships in this area please keep sharp lookout and report to MRCC Gothenburg

Leiten Sie den Funkverkehr ein

ICOM M323 / M423	
PWR	*25 W - DSC - CALL - 16*
SQL / VOL	*Squelchen / Lautstärke einstellen*
	Anruf im Sprechfunk

mayday relay - mayday relay - mayday relay

all stations - all stations - all stations

this is Nordstern - Nordstern - Nordstern - DMIK - 211 721 720

position 55° 16´N 016°-23´E - at 1655 UTC - red rockets observed in true bearing 45 degrees - all ships in this area please keep sharp lookout and report to MRCC Gothenburg

over

Aufgabe (10) - DSC-Speicherabfrage und Empfangsbestätigung

Die Bremen - 211 281 540 - DDAB hat einen DSC-Notalarm aufgenommen - 241659UTCAug -

ICOM M323 / M423	
PWR	*25 W - DSC - CALL - 16*
SQL / VOL	*Squelchen / Lautstärke einstellen*
MENU	*Menu* *DSC Calls*
ENT	*DSC CALLS* *Received Call Log*
ENT	*RCVD CALL LOG* *Distress*
ENT	*16:59 Distress*
ENT	**z.B.** *Distress* *From : **211497470*** *Fire* *57° 05,3´N - 007° 19,4´E* *16:59 UTC* *Telephony*
SOFT-TASTE EXIT	*25 W - DSC - CALL - 16*
SQL / VOL	*Squelchen / Lautstärke einstellen*
	Anruf im Sprechfunk

> mayday
>
> **211 497 470***
>
> this is Bremen - DDAB
>
> received mayday
>
> over

Eine Bestätigung (Acknowledgement) durch ein Fahrzeug, welches im Stande ist Hilfe zu leisten, kann nur dann gegeben werden, wenn die Bestätigung durch eine Küstenfunkstelle ausbleibt.

Aufgabe (11) - Abwicklung des Notverkehrs

Bremen - 211 281 540 - DDAB - 241655UTCAug
Folgende Mitteilung ist auf der Bremen im Sprechfunk eingegangen
mayday - mayday - mayday this is Cuxhaven Star - Cuxhaven Star - Cuxhaven Star - DGAA - 211497470 mayday Cuxhaven Star - DGAA - 211497470 in position 57° 05,3´N - 007° 19,4´E - at 1655UTC fire in engine room require immediate fire and rescue assistance over
Leiten Sie den Funkverkehr ein

ICOM M323 / M423	
PWR	25 W - DSC - CALL - 16
SQL / VOL	Squelchen / Lautstärke einstellen
	Anruf im Sprechfunk

mayday Cuxhaven Star - DGAA this is Bremen - DDAB - received mayday over

Nun könnte eine Mayday-Weiterleitung folgen

mayday relay - mayday relay - mayday relay all stations - all stations - all stations this is Bremen - Bremen - Bremen DDAB at 1655 UTC following message received on distress channel 16 mayday - Cuxhaven - DGAA - 211 497 470 - position 57° 05,3´N 007° 19,4´E - fire in engine room - require immediate fire and rescue assistance - end of message over

Aufgabe (12) - Abwicklung des Funkverkehrs vor Ort

Für weitere Informationen könnten Nachfragen gestellt werden

ICOM M323 / M423	
PWR	25 W - DSC - CALL - 16
SQL / VOL	Squelchen / Lautstärke einstellen
	Anruf im Sprechfunk

> mayday *
> Cuxhaven
> this is Bremen
> we need further information - how many persons on board
> over

* Der Funkverkehr beginnt in der Mayday-Situation mit „mayday„

Aufgabe (13) - Funkstille gebieten

Ein unbekanntes Fahrzeug stört den Notverkehr - der Havarist oder die MRCC oder der OSC vor Ort können Funkstille gebieten

Wie lautet der Funkspruch

ICOM M323 / M423	
PWR	25 W - DSC - CALL - 16
SQL / VOL	Squelchen / Lautstärke einstellen
	Anruf im Sprechfunk

> all stations
> silence mayday

Aufgabe (14) - Aufhebung einer Dringlichkeitsmeldung

Nordstern - 211 003 227 - DMIK - 241516UTCAug
Die nachfolgende Dringllichkeitsmeldung soll aufgehoben werden, da Schlepphilfe erfolgt ist.
<div align="center">pan pan - pan pan - pan pan all stations - all stations - all stations this is Nordstern - Nordstern - Nordstern - DMIK - 211 003 227 in position 48° 23,8′N - 007° 10,4′W - at 1516 UTC - engine is out of order - high swell - ship is not under command - require tug assistance over</div>
Leiten Sie den Funkverkehr ein

ICOM M323 / M423	
PWR	25 W - DSC - CALL - 16
SQL / VOL	*Squelchen / Lautstärke einstellen*
	Anruf im Sprechfunk

pan pan - pan pan - pan pan

all stations - all stations - all stations

this is Nordstern - Nordstern - Nordstern - DMIK - 211 003 227

please cancel my urgency message of 1516 UTC

over

Aufgabe (15) - DSC-Controller editieren und Senden eines Routineanrufes an eine Seefunkstelle

Mainz - DDPW - MMSI 211 346 750 - möchte den neuen Zielhafen (Port of Destination) der Bremen - 211 281 540 - DDAB - mitteilen - Schiff-Schiff-Kanal 08

Leiten Sie den Funkverkehr ein

ICOM M323 / M423	
PWR	25 W - DSC - CALL - 16
SQL / VOL	Squelchen / Lautstärke einstellen
MENU	Menu DSC CALLS
ENT	DSC CALLS Individual Call
ENT	INDIVIDUAL CALL IND ID : 211 281 540 - FINISH
ENT	INDIVIDUAL CALL Routine
ENT	INDIVIDUAL CALL Intership CH - CHAN: 08
ENT	INDIVIDUAL CALL To: 211281540 Routine CH 08 Telephony
SOFT-TASTE CALL	TRANSMITTING INDIVIDUAL CALL Waiting for ACK
	nach Erhalt des INDIVIDUAL ACK
	Display 25 W - **DSC** - CALL - 08
SQL / VOL	Squelchen / Lautstärke einstellen
	Anruf im Sprechfunk

Bremen

this is Mainz

the new port of destination is Hamburg

over

Aufgabe (16) - Kanalwechsel

Sie möchten vom Kanal 16 auf den Kanal 72 wechseln

ICOM M323 / M423	
PWR	25 W - DSC - CALL - 16
SQL / VOL	Squelchen / Lautstärke einstellen
	25 W - **DSC** - 72
SQL / VOL	Squelchen / Lautstärke einstellen
	Anruf im Sprechfunk

Ein Kanalwechsel ist der anderen Funkstelle auf CH16 vorher anzuzeigen, damit sicher gestellt ist, dass die Funkstelle auch den Kanalwechsel mitmacht.

Aufgabe (17) - Abwicklung des Routineverkehrs mit einer Seefunkstelle

Mainz- DDPW - MMSI 211 346 750 - möchte den neuen Port of Destination der Bremen - 211 281 540 - DDAB - mitteilen

Leiten Sie den Funkverkehr ein

ICOM M323 / M423	
PWR	25 W - DSC - CALL - 16
SQL / VOL	Squelchen / Lautstärke einstellen
	Anruf im Sprechfunk

> Bremen - Bremen - Bremen - DDAB
> this is Mainz - Mainz - Mainz DDPW
> please change on CH 08
> over

nun wird die Bremen sich melden

> Mainz DDPW
> this is Bremen DDAB
> change on CH 08
> over

jetzt kommt es zur Mitteilung

> Bremen
> this is Mainz
> the new port of destination is Hamburg
> over

Aufgabe (18) - DSC-Controller editieren und Senden eines Routineanrufes an eine Küstenfunkstelle

Mit Lyngby Radio - MMSI 00219 1000 - Kontakt aufnehmen	
Leiten Sie den Funkverkehr ein	

ICOM M323 / M423	
PWR	25 W - DSC - CALL - 16
SQL / VOL	Squelchen / Lautstärke einstellen
MENU	MENU DSC Calls
ENT	DSC CALLS Individual Call
ENT	INDIVIDUAL CALL IND ID : 00219 1000 - FINISH
ENT	INDIVIDUAL CALL To: 002191000 Routine Telephony
SOFT-TASTE CALL	TRANSMITTING INDIVIDUAL CALL Waiting for ACK
Im Acknowledgement der Küstenfunkstelle wird ein Arbeits-Kanal angegeben, z.B. CH04	
SOFT-TASTE ACK	INDIVIDUAL ACK Able to Comply
ENT	INDIVIDUAL ACK CALL TRANSMITTING INDIVIDUAL CALL 25 W - 04
SQL / VOL	Squelchen / Lautstärke einstellen
	Anruf im Sprechfunk

Die Küstenfunkstelle meldet sich zuerst

Aufgabe (19) - Abwicklung des Routineverkehrs mit einer Küstenfunkstelle

Mainz - DDPW - MMSI 211 346 750 - möchte Lyngby Radio - MMSI 00219 1000 - Arbeits-Kanal 04 - den Tiefgang und den Flaggenstaat angeben

Leiten Sie den Funkverkehr ein

ICOM M323 / M423	
PWR	Display 25 W - **DSC** - 04
SQL / VOL	Squelchen / Lautstärke einstellen
	Anruf im Sprechfunk

> Lyngby Radio - Lyngby Radio - Lyngby Radio
>
> this is Mainz - Mainz - Mainz DDPW
>
> My draft ist 2,50 meters - my flagstate ist Germany
>
> over

Aufgabe (20) - Einstellen des DSC-Controllers

DSC-Controller für einen INDIVIDUAL-CALL einstellen

ICOM M323 / M423	
PWR	25 W - DSC - CALL - 16
SQL / VOL	Squelchen / Lautstärke einstellen
MENU	Menu DSC CALLS
ENT	DSC CALLS Individual Call
ENT	INDIVIDUAL CALL IND ID: nun könnte die ID eingegeben werden

NOCH EINMAL ZUM ÜBEN

ICOM M323 / M423

Aufgabe (1) - DSC Controller editieren und Senden eines Notalarms

Auf Ihrer Motoryacht Cuxhaven Star - MMSI 211 003 227 - CALL SIGN DGDB - ist ein Besatzungsmitglied über Bord gegangen - 241655UTCAug - Position 48°-10,3´N - 008°-25,4´W. Es wird dringend Such- und Rettungshilfe erbeten
Cuxhaven Star - MMSI 211 003 227 - CALL SIGN DGDB - 241655UTCAug - position 48°-10,3´N - 008°-25,4´W - person over Board, require immediate search and rescue assistance.
Leiten Sie den Funkverkehr ein

Welche Alarmierung erfolgt zuerst ?
Was machen die SOFT-TASTEN CANCEL / RESEND ??
Wann werden diese Tasten bedient ?

Lösung Aufgabe (1)
Zuerst wird die Alarmierung im DSC-Bereich durchgeführt !

ICOM M323 / M423	
PWR	25 W - DSC - CALL - 16
SQL / VOL	Squelchen / Lautstärke einstellen
MENU	Menu DSC CALLS
ENT	DSC CALLS Distress Call
ENT	DSC CALLS Man Overboard
ENT	DISTRESS CALL No Position Data / No Time Data
CHG - SOFT-TASTE	DISTRESS CALL LAT eingeben - 48-10-3 N - FINISH LON eingeben - 008-25-4 W - FINISH UTC eingeben - 1655 - FINISH 48°10,3N - 008°25,4W - 16.55 UTC
ENT	Distress CALL Push DISTRESS button 3 sec
DISTRESS 3 sec	Waiting for ACK Next TX after 4 min (Beachten Sie bitte den Hinweis auf der nächsten Seite)
nach Erhalt des ACK folgt die Notmeldung per Sprechfunk	

Die Bedienung der SOFT-TASTE CANCEL bedeutet nicht dass der DISTRESS CALL beendet wird, sondern lediglich die Wiederholung der DSC-Aussendung, die nach 4 Minuten erfolgt, wenn bis dahin keine Bestätigung eingegangen ist.

Die Bedienung der SOFT-TASTE RESEND führt direkt zur Wiederholung der Aussendung

Aufgabe (2) - Aussenden der Notmeldung im Sprechfunk

Wer bestätigt im Regelfall den DSC-Notalarm ?
Wann muss die MMSI angegeben werden ?
Was bedeutet die Date/Time-Angabe 241655UTCAug ?

Auf Ihrer Motoryacht Cuxhaven Star - MMSI 211 003 227 - CALL SIGN DGDB - ist ein Besatzungsmitglied über Bord gegangen - 241655UTCAug - Position 48°-10,3´N - 008°-25,4´W. Es wird dringend Such- und Rettungshilfe erbeten
Cuxhaven Star - MMSI 211 003 227 - CALL SIGN DGDB - 241655UTCAug - position 48°-10,3´N - 008°-25,4´W - person over board, require immediate search and rescue assistance.
Leiten Sie den Sprechfunkverkehr ein

Wann muss die MMSI angegeben werden ?

Lösung Aufgabe (2)

Nach dem Senden des Notalarms erhalten Sie in der Regel von einer Küstenfunkstelle ein Acknowledgement, also eine Bestätigung und können nun die Notmeldung im Sprechfunk aussenden.

241655UTCAug - 24. August 16:55 Uhrzeit in UTC. Die Angabe Tag/Monat wird nicht in der Sprechfunkmeldung genannt. Ausnahme, wenn der Notverkehr über einen Tageswechsel/Monatswechsel läuft

ICOM M323 / M423	
PWR	25 W - DSC - CALL - 16
SQL / VOL	Squelchen / Lautstärke einstellen
	Anruf im Sprechfunk

---

mayday - mayday - mayday

this is Cuxhaven Star - Cuxhaven Star - Cuxhaven Star -DGDB- 211 003 227 *

mayday Cuxhaven Star - DGDB - 211 003 227 *

in position 48° 10,3´N 008° 25,4´W - at 1655 UTC - person over bord

require immediate search an rescue assistance

over

Die MMSI ist im Sprechfunk dann anzugeben, wenn vorher eine DSC Alarmierung durchgeführt wurde

Aufgabe (3) - Beenden des Notverkehrs

> Auf Ihrer Motoryacht Cuxhaven Star - MMSI 211 003 227 - CALL SIGN DGDB - war ein Besatzungsmitglied über Bord gegangen - 241655UTCAug - Position 48°-10,3´N - 008°-25,4´W. Die Person ist um 1725 UTC gerettet.
>
> Leiten Sie den Funkverkehr ein

Kann der Notverkehr auch per DSC beendet werden ?
Wer kann den Notverkehr beenden ?

Lösung Aufgabe (3)

Eine Beendigung des Notverkehrs ist nur im Sprechfunk möglich.

Der Notverkehr kann durch den Havaristen, dem MRCC und dem OSC beendet werden.

ICOM M323 / M423	
PWR	*25 W - DSC - CALL - 16*
SQ und VOL	*Squelchen / Lautstärke einstellen*
	Anruf im Sprechfunk

```
                              mayday
             all stations - all stations - all stations
this is Cuxhaven Star - Cuxhaven Star - Cuxhaven Star - DGDB - 211 003 227
          at 1725 UTC - Cuxhaven-Star - DGDB - 211003227
                           silence fini
```

Aufgabe (4) - DSC Controller editieren - Senden eines Dringlichkeitsanrufes und Abgabe der Dringlichkeitsmeldung

Nordstern - 211 003 227 - DEAA - Maschinenausfall - Manövrierunfähig - Hohe Dünung - benötigt dringend Schlepperhilfe - Position 48° 23,8´N - 007° 10,4´W - 121516UTCSep
Position 48° 23,8´N - 007° 10,4´W - engine is out of order - at 1516 UTC - high swell - ship is not under command - require tug assistance
Leiten Sie den Funkverkehr ein

Auf welchem Kanal sind Dringlichkeitsmeldungen zu verbreiten ? Gibt es eine Ausnahme ?

Lösung Aufgabe (4)

ICOM M323 / M423	
PWR	*25 W - DSC - CALL - 16*
SQL / VOL	*Squelchen / Lautstärke einstellen*
MENU	*Menu* *DSC CALLS*
ENT	*DSC CALLS* *All Ships Call*
ENT	*ALL SHIPS CALL* *Urgency*
ENT	*ITU CH - CHAN : 16*
ENT	*ALL SHIPS CALL* *To: All Ships* *Urgency* *CH 16* *Telephony*
SOFT-TASTE CALL	*TRANSMITTING ALL SHIPS CALL* *ALL SHIPS CALL* *25W - 16*
SQL / VOL	*Squelchen / Lautstärke einstellen*
	Anruf im Sprechfunk

```
               pan pan - pan pan - pan pan
            all stations - all stations - all stations
    this is Nordstern - Nordstern - Nordstern - DMIK - 211 003 227
in position 48° 23,8´N - 007° 10,4´W - at 1516 UTC - engine is out of order -
     high swell - ship is not under command - require tug assistance
                           over
```

Dringlichkeitsmeldungen werden immer auf dem Kanal 16 verbreitet.
Eine Ausnahme wäre, dass der Kanal 16 mit einer Notmeldung belegt ist. Für diesen Fall könnte ein anderer Schiff-Schiff-Kanal gewählt werden.

Aufgabe (5) - Speicherabfrage und Bestätigung des Empfangs eines DSC-Notalarms

Bremen - 211 281 540 - DDAB - 241655UTCAug
Lesen Sie das Received Call Log aus
Bestätigen Sie den Empfang der Notmeldung

Wann können Sie den Empfang der Notmeldung bestätigen ?
Welcher Sprechfunk-Kanal wird hierfür benutzt ?
Kann der Schiffsname und das CALL SIGN in der Meldung genannt werden ?

Lösung Aufgabe (5)

ICOM M323 / M423	
PWR	25 W - DSC - CALL - 16
SQL / VOL	Squelchen / Lautstärke einstellen
MENU	Menu DSC Calls
ENT	DSC CALLS Received Call Log
ENT	RCVD CALL LOG Distress
ENT	16:59 Distress
ENT	**z.B.** Distress From : **211497470** Fire 57° 05,3´N - 007° 19,4´E 16:59 UTC Telephony RNG = nm (Entfernung in nautical miles) BRG = ° (rechtweisende Peilung in Grad °)
SOFT-TASTE EXIT	25 W - DSC - CALL - 16
SQL / VOL	Squelchen / Lautstärke einstellen
	Anruf im Sprechfunk

Es folgt nun die Bestätigung der Notmeldung per Sprechfunk Kanal 16.
Eine Bestätigung durch ein Fahrzeug, welches im Stand ist Hilfe zu leisten, kann nur dann erfolgen, wenn die Bestätigung durch den Küstenfunkstelle ausbleibt.

> mayday
> **211 497 470** *
> this is Bremen – DDAB –
> received mayday
> over

Es kann nur die **MMSI** im Anruf genannt werden, da Schiffsname und das CALL SIGN nicht per DSC übermittelt werden !!

Aufgabe (6) - Weiterleitung eines Notalarms bzw. Notmeldung per Sprechfunk

Bremen - 211 281 540 - DDAB - 241655UTCAug

Folgende Mitteilung ist auf der Bremen im Sprechfunk eingegangen

mayday - mayday - mayday
this is Cuxhaven Star - Cuxhaven Star - Cuxhaven Star - DGAA - 211497470
mayday Cuxhaven Star - DGAA - 211497470
in position 57° 05,3´N - 007° 19,4´E - at 1655UTC fire in engine room
require immediate fire and rescue assistance
over

Leiten Sie den Funkverkehr ein

Gemäß WRC 07 und WRC 12 ist eine Weiterleitung eines Notrufes wie zunächst zu senden ?

Wenn **keine gute Sprechfunkverbindung** zu erwarten ist oder der Versuch per Sprechfunk fehlgeschlagen ist, wie erfolgt dann die Weiterleitung und an wen ??

Lösung Aufgabe (6)

Gemäß WRC 07 und WRC 12 ist eine Weiterleitung eines Notrufes bei einer guten Sprechfunkverbindung zunächst per Sprechfunk zu senden.

ICOM M323 / M423	
PWR	25 W - DSC - CALL - 16
SQL / VOL	*Squelchen / Lautstärke einstellen*
	Anruf im Sprechfunk

> mayday relay - mayday relay - mayday relay
> all stations - all stations - all stations
> this is Bremen - Bremen - Bremen DDAB
> at 1655 UTC following message received on distress channel 16
> mayday - Cuxhaven - DGAA - 211 497 470 -
> position 57° 05,3´N 007°19,4´E - fire in engine room -
> require immediate fire and rescue assistance - end of message
> over

Nur wenn **keine gute Sprechfunkverbindung** zu erwarten ist oder der Versuch per Sprechfunk fehlgeschlagen ist, **dann eine Weiterleitung per DSC an die Küstenfunkstelle.**

Aufgabe (7) - Aufhebung eines Fehlalarms

Mainz - DDPW - MMSI 211 346 750
Versehentliche Auslösung eines Notalarms um 1233 UTC
Leiten Sie den Funkverkehr ein

Was ist zuerst durchzuführen, wenn der DSC-Alarm (Fehlalarm) vollständig gesendet wurde und was folgt danach ?

Lösung Aufgabe (7)

Wenn der DSC-Alarm (Fehlalarm) vollständig gesendet wurde ist zuerst die Wiederholung der automatischen Aussendung zu canceln und dann die Aufhebungen per Sprechfunk durchzuführen

ICOM M323 / M423	
PWR	*25 W - DSC - CALL - 16*
SQL / VOL	*Squelchen / Lautstärke einstellen*
	Anruf im Sprechfunk

all stations – all stations – all stations
this is Mainz – Mainz – Mainz DDPW – 211 346 750
please cancel my distress alert of 1233 UTC
over

Aufgabe (8) - DSC-Controller editieren - Senden eines Sicherheitsanrufs und Abgabe der Sicherheitsmeldung

Nordstern - DMIK - 211 721 720 - Position 48° 23,4´N - 007° 10,2´W - 1244 UTC - Treibende Container gesichtet
In position 48° 23,4´N - 007° 10,2´W - at 1244 UTC - observed drifting containers - ships are requested to keep a wide berth
Leiten Sie den Funkverkehr ein

Welche Meldungsart ist die erste ?
Auf welchen Sprechfunkkanal werden Sicherheitsmeldungen verbreitet und was wäre eine Ausnahme ?

Lösung Aufgabe (8)

Es wird zuerst die Meldungsart DSC durchgeführt !
Sicherheitsmeldungen werden immer auf dem Kanal 16 verbreitet.
Eine Ausnahme wäre, dass der Kanal 16 mit einer Notmeldung belegt ist. Für diesen Fall könnte ein anderer Schiff-Schiff-Kanal gewählt werden.

ICOM M323 / M423	
PWR	25 W - DSC - CALL - 16
SQL / VOL	Squelchen / Lautstärke einstellen
MENU	Menu DSC Calls
ENT	DSC CALLS All Ships Call
ENT	ALL SHIPS CALL Safety
ENT	ALL SHIPS CALL ITU CH CHAN : 16
ENT	ALL SHIPS CALL To: All SHIPS Safety CH 16 Telephony
SOFT-TASTE CALL	TRANSMITTING ALL SHIPS CALL ALL SHIPS CALL 25 W - 16
SQL / VOL	Squelchen / Lautstärke einstellen
	Anruf im Sprechfunk

securite –securite - securite

all stations - all stations - all stations

this is Nordstern - Nordstern - Nordstern - DM1K - 211 721 720

in position 48° 23,4 N - 007° 10,2 W - at 1244 UTC - observed drifting containers ships are requested to keep wide berth

over

Aufgabe (9) - Aussenden eines Notalarms durch eine Funkstelle die selbst nicht in Not ist

Nordstern - DMIK - 211 721 720 - Position 55° 16´N - 016° 23´E - 241655UTC Aug - Rote Raketen in rechtweisender Peilung 45° gesichtet - Schiffe in diesem Gebiet werden gebeten Ausguck zu gehen und MRCC Gothenburg zu informieren
In position 55° 16´N 016° 23´E - 241655UTCAug red rockets observed in true bearing of 45 degrees, all ships in this area please keep sharp lookout and report to MRCC Gothenburg
Leiten Sie den Funkverkehr ein

Was ist die Voraussetzung für eine solche Aussendung ?

Lösung Aufgabe (9)

Der Notfall muss vom **Havaristen** klar erkennbar angezeigt worden sein. Keine Vermutungen !

ICOM M323 / M423	
PWR	*25 W - DSC - CALL - 16*
SQL / VOL	*Squelchen / Lautstärke einstellen*
	Anruf im Sprechfunk

> mayday relay - mayday relay - mayday relay
> all stations - all stations - all stations
> this is Nordstern - Nordstern - Nordstern - DMIK - 211 721 720
> position 55° 16´N 016°-23´E - al 1655 UTC - red rockets observed in true bearing 45 degrees - all ships in this area please keep sharp lookout and report to MRCC Gothenburg
> over

Aufgabe (10) - DSC-Speicherabfrage und Empfangsbestätigung

Bremen - 211 281 540 - DDAB - 241655UTCAug
Lesen Sie das Received Call Log aus
Folgende Meldung wird per Speicherabfrage aufgenommen : Distress - From : 211497470 - Fire - 57° 05,3´N - 007° 19,4´E -1659 UTC
Bestätigen Sie den Empfang

Welcher Sprechfunk-Kanal wird hierfür benutzt ?
Kann der Schiffsname und das CALL SIGN in der Meldung genannt werden ?

Lösung Aufgabe (10)

ICOM M323 / M423	
PWR	25 W - DSC - CALL - 16
SQL / VOL	Squelchen / Lautstärke einstellen
MENU	Menu DSC Calls
ENT	DSC CALLS Received Call Log
ENT	RCVD CALL LOG Distress
ENT	16:59 Distress
ENT	**z.B.** Distress From : **211497470** Fire 57° 05,3´N - 007° 19,4´E 16:59 UTC Telephony RNG = nm (Entfernung in nautical miles) BRG = ° (rechtweisende Peilung in Grad °)
SOFT-TASTE EXIT	25 W - DSC - CALL - 16
SQL / VOL	Squelchen / Lautstärke einstellen
	Anruf im Sprechfunk

Es wird der Sprechfunkkanal 16 benutzt

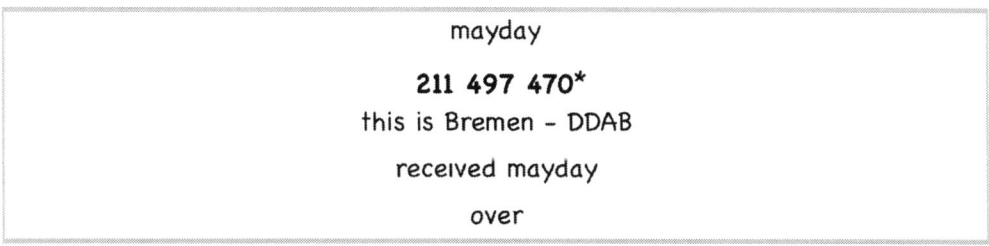

Es kann nur die MMSI genannt werden, da per DSC kein Schiffsname und CALL SIGN übermittelt werden.

Aufgabe (11) - Abwicklung des Notverkehrs

Bremen - 211 281 540 - DDAB - 241655UTCAug

Folgende Mitteilung ist auf der Bremen im Sprechfunk eingegangen

mayday - mayday - mayday

this is Cuxhaven Star - Cuxhaven Star - Cuxhaven Star -

DGAA- MMSI 211 497 470

mayday Cuxhaven Star - DGAA - 211 497 470

in position 57° 05,3´N - 007° 19,4´E - at 1655UTC fire in engine room
require immediate fire and rescue assistance

Wann können Sie diese Notmeldung bestätigen ?

Was kann das nächste Handeln sein ?

Lösung Aufgabe (11)

Die Bestätigung einer Notmeldung kann nur dann erfolgen, wenn Sie selbst und Ihr Schiff im Stande sind Hilfe zu leisten !

ICOM M323 / M423	
PWR	25 W - DSC - CALL - 16
SQL / VOL	Squelchen / Lautstärke einstellen
	Anruf im Sprechfunk

> mayday
> Cuxhaven Star - DGAA
> this is Bremen - DDAB -
> received mayday
> over

Nun kann eine Mayday-Weiterleitung folgen

> mayday relay - mayday relay - mayday relay
> all stations - all stations - all stations
> this is Bremen - Bremen - Bremen DDAB
> at 1655 UTC following message received on distress channel 16
> mayday - Cuxhaven - DGAA - 211 497 470 -
> position 57° 05,3´N 007° 19,4´E - fire in engine room -
> require immediate fire and rescue assistance - end of message
> over

Aufgabe (12) - Abwicklung des Funkverkehrs vor Ort

Bremen - 211 281 540 - DDAB - 241655UTCAug
Folgende Mitteilung ist auf der Bremen im Sprechfunk eingegangen
mayday – mayday – mayday this is Cuxhaven Star - Cuxhaven Star - Cuxhaven Star - DGAA - MMSI 211 497 470 mayday Cuxhaven Star - DGAA - 211 497 470 in position 57° 05,3´N - 007° 19,4´E - at 1655UTC fire in engine room require immediate fire and rescue assistance
Leiten Sie den Funkverkehr ein

Sie benötigen weitere Angaben, z.B. die Personenzahl

Wie beginnt der Funkverkehr im Notverkehr und warum ??

Lösung Aufgabe (12)

Der Funkverkehr beginnt im Notverkehr mit „mayday " um so sicher zustellen, dass nur die Funkstellen am Sprechfunk teilnehmen, die aktiv an der Notsituation geteilt sind !

ICOM M323 / M423	
PWR	25 W - DSC - CALL - 16
SQL / VOL	Squelchen / Lautstärke einstellen
	Anruf im Sprechfunk

> mayday *
> Cuxhaven
> this is Bremen
> we need further information - how many persons on board
> over

Aufgabe (13) - Funkstille gebieten

Bremen - 211 281 540 - DDAB - 241655UTCAug
Sie haben einen Notfall. Ein unbekanntes Fahrzeug stört Ihren Notverkehr

Wer kann Funkstille gebieten ?

Lösung Aufgabe (13)

Der Havarist oder die MRCC oder der OSC vor Ort können Funkstille gebieten

ICOM M323 / M423	
PWR	25 W - DSC - CALL - 16
SQL / VOL	Squelchen / Lautstärke einstellen
	Anruf im Sprechfunk

all stations
silence mayday

Aufgabe (14) - Aufhebung einer Dringlichkeitsmeldung

Nordstern - 211 003 227 - DEAA - Sie hatten einen Maschinenausfall und benötigten dringend Schlepperhilfe - Position 48° 23,8´N - 007° 10,4´W - 121516UTCSep - Schlepperhilfe ist vor Ort

Die Dringllichkeitsmeldung soll aufgehoben werden
Leiten Sie den Funkverkehr ein

Lösung Aufgabe (14)

ICOM M323 / M423	
PWR	25 W - DSC - CALL - 16
SQL / VOL	Squelchen / Lautstärke einstellen
	Anruf im Sprechfunk

> pan pan - pan pan - pan pan
> all stations - all stations - all stations
> this is Nordstern - Nordstern - Nordstern - DMIK - 211 003 227
> please cancel my urgency message of 1516 UTC
> over

Aufgabe (15) - DSC-Controller editieren und Senden eines Routineanrufes an eine Seefunkstelle

Mainz - DDPW - MMSI 211 346 750 - möchte den neuen Zielhafen (Port of Destination) der Bremen - 211 281 540 - DDAB - mitteilen - Schiff-Schiff-Kanal 08

Leiten Sie den Funkverkehr ein

Lösung Aufgabe (15)

ICOM M323 / M423	
PWR	25 W - DSC - CALL - 16
SQL / VOL	Squelchen / Lautstärke einstellen
MENU	MENU DSC Calls
ENT	DSC CALLS Individual Call
ENT	IINDIVIDUAL CALL IND ID : 211 281 540 - FINISH
ENT	INDIVIDUAL CALL Routine
ENT	INDIVIDUAL CALL Intership CH CHANH: 08
ENT	INDIVIDUAL CALL To: 211281540 Routine CH 08 Telephony
SOFT-TASTE CALL	TRANSMITTING INDIVIDUAL CALL Waiting for ACK RCVD INDIVIDUAL ACK CH 08
SOFT-TASTE ACPT	Display 25 W - **DSC** - 08
SQL / VOL	Squelchen / Lautstärke einstellen
	Anruf im Sprechfunk

> Bremen
>
> this is Mainz
>
> the new port of destination is Hamburg
>
> over

Aufgabe (16) - Kanalwechsel

Sie möchten vom CH16 auf den CH72 wechseln

Hierzu der Hinweis, dass ein Kanalwechsel der anderen Funkstelle auf CH 16 vorher angezeigt werden muss, damit sicher gestellt ist, dass die Funkstelle auch den Kanalwechsel mitmacht.

Lösung Aufgabe (16)

ICOM M323 / M423	
PWR	*25 W - DSC - CALL - 16*
SQL / VOL	*Squelchen / Lautstärke einstellen*
	*25 W - **DSC** - 72*
SQL / VOL	*Squelchen / Lautstärke einstellen*
	Anruf im Sprechfunk

Aufgabe (17) - Abwicklung des Routineverkehrs mit einer Seefunkstelle

Mainz - DDPW - MMSI 211 346 750 - möchte den neuen Zielhafen (Port of Destination) der Bremen - 211 281 540 - DDAB - mitteilen - Schiff-Schiff-Kanal 08

Leiten Sie den Funkverkehr ein

Lösung Aufgabe (17)

ICOM M323 / M423	
PWR	25 W - DSC - CALL - 16
SQL / VOL	*Squelchen / Lautstärke einstellen*
	Anruf im Sprechfunk

> Bremen - Bremen - Bremen - DDAB
> this is Mainz - Mainz - Mainz DDPW
> please change on CH 08
> over

Nun wird die Bremen sich melden

> Mainz DDPW
> this is Bremen DDAB
> change on CH 08
> over

Jetzt kommt es zur Mitteilung

ICOM M323 / M423	
mit Pfeiltasten CH 08 einstellen	*Display 08 W -* **DSC** *- CALL - 16*
SQL / VOL	*Squelchen / Lautstärke einstellen*
	Anruf im Sprechfunk

> Bremen
> this is Mainz
> the new port of destination is Hamburg
> over

Aufgabe (18) - DSC-Controller editieren und Senden eines Routineanrufes an eine Küstenfunkstelle

Mainz - DDPW - MMSI 211 346 750 -
Sie möchten mit Lyngby Radio - MMSI 00219 1000 - Kontakt aufnehmen

Wer gibt den Arbeitskanal vor ?
Wer meldet sich zuerst ?

Lösung Aufgabe (18)

ICOM M323 / M423	
PWR	25 W - DSC - CALL - 16
SQL / VOL	Squelchen / Lautstärke einstellen
MENU	MENU DSC Calls
ENT	DSC Calls Individual Call
ENT	INDIVIDUAL CALL IND ID:002191000 FINISH
ENT	INDIVIDUAL CALL To: 002191000 Routine Telephony
SOFT-TASTE CALL	TRANSMITTING INDIVIDUAL CALL Waiting for ACK RCVD INDIVIDUAL ACK FROM: 002191000 Ch 04
	25 W - DSC - 04
SQL / VOL	Squelchen / Lautstärke einstellen
	Anruf im Sprechfunk

Im Acknowledgement der Küstenfunkstelle wird der Arbeitskanal angegeben.
Danach meldet sich die Küstenfunkstelle zuerst

Aufgabe (19) - Abwicklung des Routineverkehrs mit einer Küstenfunkstelle

Mainz - DDPW - MMSI 211 346 750 -
Sie möchten mit Lyngby Radio - MMSI 00219 1000 - Arbeitskanal 04 - Kontakt aufnehmen den Flaggenstaat und den Tiefgang angeben
Leiten Sie den Funkverkehr ein

Aufgabe (20) - Einstellen des DSC-Controllers

DSC-Controller für einen INDIVIDUAL-CALL einstellen

Lösung Aufgabe (19)

ICOM M323 / M423	
PWR	Display 25 W - **DSC** - 04
SQL / VOL	Squelchen / Lautstärke einstellen
	Anruf im Sprechfunk

> Lyngby Radio - Lyngby Radio - Lyngby Radio
>
> this is Mainz - Mainz - Mainz DDPW
>
> My draft ist 2,50 meters - may flagstate ist Germany
>
> over

Lösung Aufgabe (20)

ICOM M323 / M423	
PWR	Display 25 W - **DSC** - 04
SQL / VOL	Squelchen / Lautstärke einstellen
MENU	MENU DSC Calls
ENT	DSC CALLS Individual Call
ENT	INDIVIDUAL CALL IND ID:

ERKLÄRUNG FUNKGERÄT ICOM M505

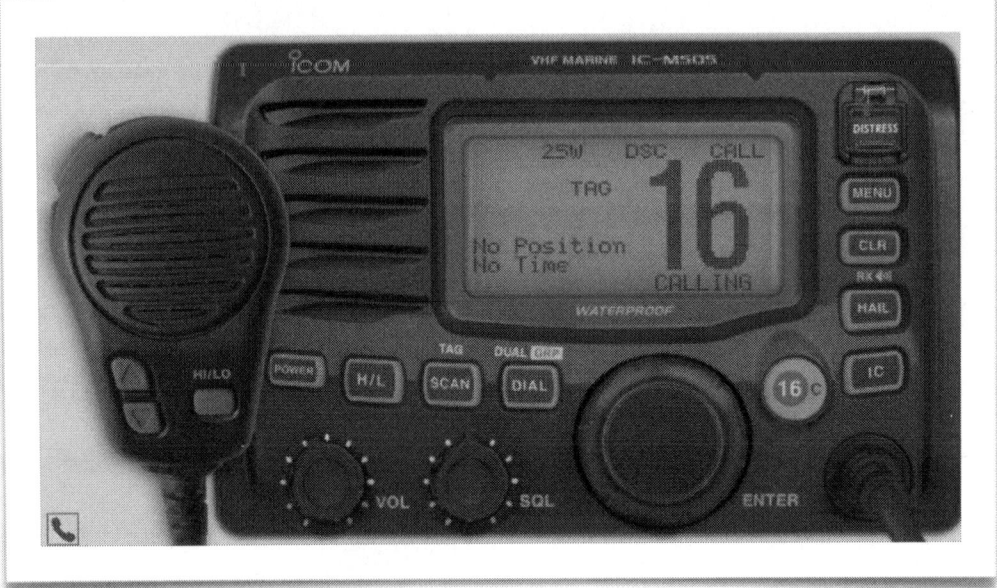

Belegung DISPLAY und Tasten

1. **DISPLAY**- Angaben

(a) 25W = 25 Watt Sendeleistung

(b) DSC = Kanal-Gruppe DSC - Seefunk

(c) CALL = zeigt an das dieser Kanal 16 der Anruf-Kanal ist (also Hörwache)

(d) TAG = Markierter Kanal für Sendersuchlauf

(e) CALLING = Eigener gewählter Name für den eingestellten Kanal, eine Änderung des Namens kann durch Drücken der Taste 16C bei gedrückter Taste H/L vorgenommen werden

2. **Mikrofon** mit HI/LO-Taste für die Sendeleistungen HI = 25 Watt / LO = 1 Watt, Pfeiltasten für den Wechsel der Funkkanäle und links oben der PTT-Taste - Push-To-Talk Taste. Für das Senden einer Sprechmeldung muss diese gedrückt für das Hören wieder losgelassen werden

2. **VOL** = Lautstärke Regler

3. **SQL** = Squelch = Rauschsperren Regler

4. **ENTER** Dreh- und Druckknopf = Drehen für die **Kanalwahl**, Drücken für die **Bestätigung** der Einstellungen

5. Taste **16C** - Durch Drücken dieser Taste wird immer die Grundeinstellung vorgenommen, Kanal **16** im Seefunk (**C** = CLEAR)

6. **POWER**-Taste = Durch Drücken Ein- und Ausschalten

7. **H/L** = Durch Drücken Einstellen der Sendeleistungen H = 25 Watt / L = 1 Watt

8. **SCAN/TAG** = Durch kurzes Drücken SCAN Suchlauf / Durch langes Drücken Markierung des Kanals oder Aufhebung der Markierung TAG

9. **DIAL/DUAL/GRP**

(a) **DIA**L = Durch kurzes Drücken den zuletzt benutzten Kanal wieder einstellen
(b) **DUAL** = Durch langes Drücken die Zweikanal-Überwachung einschalten (Ausschalten durch nochmaliges kurzes Drücken)
(c) **GRP** = Durch gleichzeitiges Drücken der Taste H/L und DIAL die Kanal-Gruppe wählen = DSC / INT / ATIS

10. **IC** = Mögliche Interne Kommunikation auf dem Schiff (Kabelverbindung) z.B zwischen Brücke und Maschinenraum

11. **HAIL RX (** Rufen) = Megaphon einschalten

12. **CLR** = CLEAR-Taste führt uns **schrittweise** aus den Untermenüs zum Hauptmenü

13. **MENU** = Taste führt uns in das Set up - ATIS Check

14. **DISTRESS** Taste hat im Binnenschifffahrtsfunk keine Funktion

- Um in die Configuration des Funkgerätes zu kommen, muss der **Set Mode** aufgerufen werden.

15. **Set Mode** - Um den Set Mode aufzurufen ist das Gerät auszuschalten und bei gedrückter Taste 16C wieder einzuschalten

(a) Scan Type = Normal = Suchlauf für alle mit Stern festgelegten Kanäle oder Priority = Suchlauf für alle mit Stern festgelegten Kanäle bei gleichzeitiger Überwachung Kanal 10 Binnenschifffahrtsfunk oder Kanal 16 Seefunk
(b) Scan Timer = Zeitpause für Suchlauf bei Empfang eines Signals
(c) Dual / Tri-Watch = Zwei-, oder Dreikanal-Überwachung - Falls ein Signal auf Kanal 10 im Binnenschifffahrtsfunk oder Kanal 16 im Seefunk empfangen wird wird die Zwei-, oder Dreikanal-Überwachung sofort gestoppt
(d) Beep = Quittungston
(e) Contrast
(f) Foghorn Frequency - Nebelschallsignale bei eingebauten Megaphone mit der Möglichkeit Tonfrequenzen auszuwählen

Hinweis :

In der praktischen Prüfung werden **keine** Aufgaben zur **Configuration** oder zum **Set-Mode** der Funkgeräte, **Markierung** der Funk-Kanäle (Stern oder TAG) oder **Namensänderungen** der Kanäle gestellt.

Die nachfolgenden **Trainings-Aufgaben** sind den Aufgaben in der Prüfung sehr ähnlich und geben den Prüfungsablauf an. Weitere Fragen oder Aufgaben können und werden nicht gestellt.

GRUNDEINSTELLUNG FUNKGERÄT M505

Seefunk-Modus bei Kombi-Anlagen

Das Funk-Gerät M505 ist ein **Kombi-Gerät** für den Binnen- und Seefunk und führt im Binnenfunk **analogen** (Sprechfunk) und im Seefunk **analogen** (Sprechfunk) und **digitalen** (DSC) Funkverkehr durch.

ICOM **M505**	
POWER	25 W - **DSC** - CALL - 16
SQL / VOL	Squelchen / Lautstärke einstellen
wenn Display 1 W - ATIS - Kanal 10 - oder 25 W - INT - CALL - 16 - dann auf Seefunk umstellen	
H/L und DIAL gemeinsam drücken	
	25 W - **DSC**- CALL - 16
SQL / VOL	Squelchen / Lautstärke einstellen
	Anruf im Sprechfunk

Achten Sie bitte unbedingt darauf, dass Sie den **DSC-Anteil** aufrufen und nicht die Kanalgruppe **INT**.

Auf dem **Sprechfunk-Kanal 16 besteht Hörwachen-Pflicht**. Damit ist dieser Kanal (Anruf-Kanal) grundsätzlich einzuschalten.

VOL
Mit dem VOL-Regler wird die Lautstärke eingestellt

SQL
Mit dem Squelch-Funktion erhöhen Sie die Empfangsempfindlichkeit und würden so auch Kenntnis von einem Gespräch erhalten, welches am äußersten Ende der Reichweite stattfindet.

Dieses Gespräch könnten Sie durch eine eigene Aussendung stören, was unbedingt zu vermeiden ist.

Bei **jedem Kanalwechsel** ist erneut zu squelchen, um zu überprüfen, ob auf diesem Kanal z.Zt. ein Funkgespräch läuft.

Achten Sie bitte darauf, dass Sie vor dem Squelchen die Lautstärke so reduzieren, dass das Rauschen angenehm für die Ohren bleibt.

Richtig Squelchen :

- Drehknopf VOL ganz nach links drehen
- Drehknopf SQL nach links drehen
- Drehknopf VOL langsam nach rechts drehen und angenehme Lautstärke
- einstellen
- Drehknopf SQL langsam nach rechts drehen bis das Rauschen nicht mehr zu hören ist .

GRUNDEINSTELLUNG

ICOM **M505**	
POWER	*25 W - **DSC** - CALL - 16*
SQL / VOL	*Squelchen / Lautstärke einstellen*

Die nachfolgenden **Trainings-Aufgaben** sind den Aufgaben in der Prüfung sehr ähnlich.

ABLAUF EINER PRAKTISCHEN PRÜFUNG ICOM M505

Prüfungsteil A - Pflichtaufgaben

Aufgabe (1) - DSC Controller editieren und Senden eines Notalarms

Auf Ihrer Motoryacht Cuxhaven Star - MMSI 211 003 227 - CALL SIGN DGDB - ist ein Besatzungsmitglied über Bord gegangen - 241655UTCAug - Position 48°-10,3´N - 008°-25,4´W. Es wird dringend Such- und Rettungshilfe erbeten	
Cuxhaven Star - MMSI 211 003 227 - CALL SIGN DGDB - 241655UTCAug - position 48°-10,3´N - 008°-25,4´W - person over Board, require immediate search and rescue assistance.	
Leiten Sie den Funkverkehr ein	

ICOM M505	
POWER	25 W - **DSC** - CALL - 16
SQL / VOL	Lautstärke / Squelchen
MENU	DSC Menu Distress Setting
ENTER	DSC Menu Select Nature MOB
ENTER	DSC MENU Input Position 48-10-3 N 008-25-4 W (siehe **Hinweis**)
ENTER	DSC Menu Input UTC Time 16:55 (siehe **Hinweis**)
ENTER	
DISTRESS	Distress Call - Push for 5 sec.
	Distress Call - TX Complete Now Waiting For ACK 25 W - **DSC** - CALL - 16 Wait ACK <CLR Cancel ACK>

<CLR Cancel ACK> gibt Ihnen die Möglichkeit den Empfang des Acknowledgement zu canceln. Damit verhindern Sie die **erneute Aussendung** der DSC-Notmeldung, was bei **einem Fehlalarm unbedingt notwendig ist.**

Die ausgesendete Notmeldung ist damit aber nicht beendet. Sie kann nur im Sprechfunk beendet werden.

Hinweis : Bei einem Fehler in der Eingabe der Position und/oder Uhrzeit können Sie mit der Taste 16C den Cursor nach rechts und der Taste DIAL den Cursor nach links bewegen

Aufgabe (2) - Aussenden der Notmeldung

Nach dem Senden des Notalarms erhalten Sie in der Regel von einer Küstenfunkstelle ein ACK = Acknowledgement = Bestätigung und können nun die Notmeldung im Sprechfunk aussenden.

ICOM M505	
POWER	*25 W - **DSC** - CALL - 16*
SQL / VOL	*Lautstärke / Squelchen*
	Anruf im Sprechfunk

```
                  mayday - mayday - mayday
this is Cuxhaven Star - Cuxhaven Star - Cuxhaven Star -DGDB- 211 003 227 *
              mayday Cuxhaven Star - DGDB - 211 003 227 *
   in position 48° 10,3´N 008° 25,4´ W - at 1655 UTC - person over bord
              require immediate search an rescue assistance
                              over
```

*MMSI immer dann angeben wenn vorher DSC Alarmierung

Aufgabe (3) - Beenden des Notverkehrs

Cuxhaven Star - MMSI 211 003 227 - DGDB - Person über Bord - 241655UTC Aug - Position 48°-10,3´N - 008°-25,4´W.
Die Rettung ist erfolgt um 1725 UTC

Leiten Sie den Funkverkehr ein

ICOM M505	
POWER	25 W - **DSC** - CALL - 16
SQL / VOL	Lautstärke / Squelchen
	Anruf im Sprechfunk

mayday

all stations - al stations - al stations

this is Cuxhaven Star - Cuxhaven Star - Cuxhaven Star - DGDB - 211 003 227

at 1725 UTC - Cuxhaven-Star - DGDB - 211003227

silence fini

Aufgabe (4) - DSC Controller editieren - Senden eines Dringlichkeitsanrufes und Abgabe der Dringlichkeitsmeldung

Nordstern - 211 003 227 - DEAA - Maschinenausfall - Manövrierunfähig - Hohe Dünung - benötigt dringend Schlepperhilfe - Position 48° 23,8´N - 007° 10,4´W - 121516UTCSep

Leiten Sie den Funkverkehr ein

ICOM M505	
POWER	25 W - **DSC** - CALL - 16
SQL / VOL	Lautstärke / Squelchen
MENU	DSC Menu All Ships Call
ENTER	DSC Menu Select Category Urgency
ENTER	DSC Menu Select Traffic CH 16
Dringlichkeitsmeldungen immer auf Kanal 16 - Ausnahme, Kanal 16 ist mit einer Notmeldung belegt - dann ein anderer Schiff-Schiff-Kanal	
ENTER	All Ships Call Ready
ENTER	All Ships Call TX Complete 25 W - **DSC** - CALL - 16
SQL / VOL	Lautstärke / Squelchen
	Anruf im Sprechfunk

```
              pan pan - pan pan - pan pan
          all stations - all stations - all stations
  this is Nordstern - Nordstern - Nordstern - DMIK - 211 003 227
in position 48° 23,8´N - 007° 10,4´W - at 1516 UTC - engine is out of order -
                      require tug assistance
                              over
```

PRÜFUNGSTEIL B - PFLICHTAUFGABEN

Aufgabe (5) - Speicherabfrage und Bestätigung des Empfangs eines DSC-Notalarms

Bremen - 211 281 540 - DDAB hat einen DSC-Notalarm aufgenommen - 241659UTCAug -

ICOM M505	
POWER	*25 W - **DSC** - CALL - 16*
SQL / VOL	*Lautstärke / Squelchen*
MENU	*DSC Menu* *Received Calls*
ENTER	*DSC Menu* *Distress*
ENTER	*DSC Menu* *Select Message*
ENTER	*z.B.* *Distress* *211497470* *Fire* *LAT : 57° 05,3´N* *LON : 007° 19,4´E* *UTC : 1659*
MENU	*25 W - **DSC** - CALL - 16*
SQL / VOL	*Lautstärke / Squelchen*
	Anruf im Sprechfunk

Eine Bestätigung (Acknowledgement) durch ein Fahrzeug, welches im Stande ist Hilfe zu leisten, kann nur dann gegeben werden, wenn die Bestätigung durch eine Küstenfunkstelle ausbleibt. Die Bestätigung der Notmeldung wird per Sprechfunk Kanal 16 durchgeführt.

> mayday
>
> **211 497 470** *
>
> this is Bremen - DDAB -
>
> received mayday
>
> over

Aufgabe (6) - Weiterleitung eines Notalarms bzw. Notmeldung per Sprechfunk

Bremen - 211 281 540 - DDAB - 241655UTCAug
Folgende Mitteilung ist auf der Bremen im Sprechfunk eingegangen
mayday - mayday - mayday this is Cuxhaven Star - Cuxhaven Star - Cuxhaven Star - DGAA - 211497470 mayday Cuxhaven Star - DGAA - 211497470 in position 57° 05,3´N - 007° 19,4´E - at 1655UTC fire in engine room require immediate fire and rescue assistance over
Leiten Sie die Notmeldung weiter

Gemäß WRC 07 und WRC 12 ist eine Weiterleitung eines Notrufes bei einer guten Sprechfunkverbindung zunächst per Sprechfunk zu senden.

ICOM M505	
POWER	*25 W - **DSC** - CALL - 16*
SQL / VOL	*Squelchen / Lautstärke einstellen*
	Anruf im Sprechfunk

mayday relay - mayday relay - mayday relay all stations - all stations - all stations this is Bremen - Bremen - Bremen DDAB at 1655 UTC following message received on distress channel 16 mayday - Cuxhaven - DGAA - 211 497 470 - position 57° 05,3´N 007°19,4´E - fire in engine room - require immediate fire and rescue assistance - end of message over

Nur wenn **keine gute Sprechfunkverbindung** zu erwarten ist oder der Versuch per Sprechfunk fehlgeschlagen ist, **dann eine Weiterleitung per DSC an die Küstenfunkstelle.**

Aufgabe (7) - Aufhebung eines Fehlalarms

Mainz - DDPW - MMSI 211 346 750 - 1233 UTC
Versehentliche Auslösung eines Notalarms
Leiten Sie den Funkverkehr ein

Wenn der DSC-Alarm (Fehlalarm) vollständig gesendet wurde ist zuerst die Wiederholung der automatischen Aussendung zu canceln (<CLR Cancel ACK>) und dann die Aufhebungen per Sprechfunk durchzuführen

ICOM M505	
POWER	*25 W - **DSC** - CALL - 16*
SQL / VOL	*Squelchen / Lautstärke einstellen*
	Anruf im Sprechfunk

all stations – all stations – all stations
this is Mainz – Mainz – Mainz DDPW – 211 346 750
please cancel my distress alert of 1233 UTC
over

Aufgabe (8) - DSC-Controller editieren - Senden eines Sicherheitsanrufs und Abgabe der Sicherheitsmeldung

Nordstern - DMIK - 211 721 720 - in position 48° 23,4′N - 007° 10,2′W - 1244 UTC - observed drifting containers - ships are requested to keep a wide berth

Leiten Sie den Funkverkehr ein

ICOM M505	
POWER	*25 W - **DSC** - CALL - 16*
SQL / VOL	*Lautstärke / Squelchen*
MENU	*DSC Menu* *All Ships Call*
ENTER	*DSC Menu* *Select Category* *Safety*
ENTER	*DSC Menu* *Select Traffic CH* *16*
Sicherheitsmeldungen immer auf Kanal 16 - Ausnahme, Kanal 16 ist mit einer Notmeldung belegt - dann ein anderer Schiff-Schiff-Kanal	
ENTER	*All Ships Call Ready*
ENTER	*All Ships Call - TX Complete*
	*25 W - **DSC** - CALL - 16*
SQL / VOL	*Lautstärke / Squelchen*
	Anruf im Sprechfunk

securite –securite – securite

all stations – all stations – all stations

this is Nordstern – Nordstern – Nordstern – DMIK – 211 721 720

in position 48° 23,4′N – 007° 10,2′W – at 1244 UTC – observed drifting containers ships are requested to keep wide berth

over

PRÜFUNGSTEIL A ODER B - SONSTIGE FERTIGKEITEN

Aufgabe (9) - Aussenden eines Notalarms durch eine Funkstelle die selbst nicht in Not ist

Nordstern - DMIK - 211 721 720 - Position 55° 16´N - 016° 23´E - 241655UTC Aug - Rote Raketen in rechtweisender Peilung 45° gesichtet - Schiffe in diesem Gebiet werden gebeten Ausguck zu gehen und MRCC Gothenburg zu informieren

In position 55° 16´N 016° 23´E - 241655UTCAug red rockets observed in true bearing of 45 degrees, all ships in this area please keep sharp lookout and report to MRCC Gothenburg

Leiten Sie den Funkverkehr ein

ICOM M505	
POWER	*25 W - **DSC** - CALL - 16*
SQL / VOL	*Squelchen / Lautstärke einstellen*
	Anruf im Sprechfunk

---

mayday relay - mayday relay - mayday relay

all stations - all stations - all stations

this is Nordstern - Nordstern - Nordstern - DMIK - 211 721 720

position 55° 16´N 016°-23´E - at 1655 UTC - red rockets observed in true bearing 45 degrees - all ships in this area please keep sharp lookout and report to

MRCC Gothenburg.

over

Aufgabe (10) - DSC-Speicherabfrage und Empfangsbestätigung

Die Bremen - 211 281 540 - DDAB hat einen DSC-Notalarm aufgenommen - 241659UTCAug -

ICOM M505	
POWER	*25 W - **DSC** - CALL - 16*
SQL / VOL	*Squelchen / Lautstärke einstellen*
MENU	*DSC Menu* *Received Calls*
ENTER	*DSC Menu* *Select Message* *Distress*
ENTER	*DSC Menu* *Select Message* *16:59 211497470*
ENTER	**z.B.** *Distress* *211497470* *Fire* *LAT : 57° 05,3´N* *LON : 007° 19,4´E* *UTC: 16:59*
MENU	*25 W - **DSC** - CALL - 16*
SQL / VOL	*Squelchen / Lautstärke einstellen*
	Anruf im Sprechfunk

> mayday
>
> **211 497 470***
>
> this is Bremen - DDAB
>
> received mayday
>
> over

Eine Bestätigung (Acknowledgement) durch ein Fahrzeug, welches im Stande ist Hilfe zu leisten, kann nur dann gegeben werden, wenn die Bestätigung durch eine Küstenfunkstelle ausbleibt.

Aufgabe (11) - Abwicklung des Notverkehrs

Bremen - 211 281 540 - DDAB - 241655UTCAug
Folgende Mitteilung ist auf der Bremen im Sprechfunk eingegangen
mayday - mayday - mayday this is Cuxhaven Star - Cuxhaven Star - Cuxhaven Star - DGAA - 211497470 mayday Cuxhaven Star - DGAA - 211497470 in position 57° 05,3´N - 007° 19,4´E - at 1655UTC fire in engine room require immediate fire and rescue assistance over
Leiten Sie den Funkverkehr ein

ICOM M505	
POWER	*25 W - **DSC** - CALL - 16*
SQL / VOL	*Squelchen / Lautstärke einstellen*
	Anruf im Sprechfunk

mayday Cuxhaven Star - DGAA this is Bremen - DDAB - received mayday over

Nun könnte eine Mayday-Weiterleitung folgen

mayday relay - mayday relay - mayday relay all stations - all stations - all stations this is Bremen - Bremen - Bremen DDAB at 1655 UTC following message received on distress channel 16 mayday - Cuxhaven - DGAA - 211 497 470 - position 57° 05,3´N 007° 19,4´E - fire in engine room - require immediate fire and rescue assistance - end of message over

Aufgabe (12) - Abwicklung des Funkverkehrs vor Ort

Für weitere Informationen könnten Nachfragen gestellt werden

ICOM M505	
POWER	25 W - **DSC** - CALL - 16
SQL / VOL	Squelchen / Lautstärke einstellen
	Anruf im Sprechfunk

> **mayday** *
> Cuxhaven
> this is Bremen
> we need further information - how many persons on board
> over

* Der Funkverkehr beginnt in der mayday-situation mit „mayday„

Aufgabe (13) - Funkstille gebieten

Ein unbekanntes Fahrzeug stört den Notverkehr - der Havarist oder die MRCC oder der OSC vor Ort können Funkstille gebieten

Wie lautet der Funkspruch

ICOM M505	
POWER	25 W - **DSC** - CALL - 16
SQL / VOL	Squelchen / Lautstärke einstellen
	Anruf im Sprechfunk

> all stations
> silence mayday

Aufgabe (14) - Aufhebung einer Dringlichkeitsmeldung

Nordstern - 211 003 227 - DMIK - 241516UTCAug
Die nachfolgende Dringllichkeitsmeldung soll aufgehoben werden, da Schlepphilfe erfolgt ist.
<div align="center">pan pan - pan pan - pan pan all stations - all stations - all stations this is Nordstern - Nordstern - Nordstern - DMIK - 211 003 227 in position 48° 23,8´N - 007° 10,4´W - at 1516 UTC - engine is out of order - high swell - ship is not under command - require tug assistance over</div>
Leiten Sie den Funkverkehr ein

ICOM M505	
POWER	*25 W - **DSC** - CALL - 16*
SQL / VOL	*Squelchen / Lautstärke einstellen*
	Anruf im Sprechfunk

<div align="center">pan pan - pan pan - pan pan all stations - all stations - all stations this is Nordstern - Nordstern - Nordstern - DMIK - 211 003 227 please cancel my urgency message of 1516 UTC over</div>

Aufgabe (15) - DSC-Controller editieren und Senden eines Routineanrufes an eine Seefunkstelle

Mainz - DDPW - MMSI 211 346 750 - möchte den neuen Zielhafen (Port of Destination) der Bremen - 211 281 540 - DDAB - mitteilen - Schiff-Schiff-Kanal 08	
Leiten Sie den Funkverkehr ein	

ICOM M505	
POWER	25 W - **DSC** - CALL - 16
SQL / VOL	*Squelchen / Lautstärke einstellen*
MENU	DSC Menu Individual Call
ENTER	DSC Menu Manual Input
ENTER	DSC Menu Input Address Input 9 digits 211281540
ENTER	DSC Menu Select Category Routine
ENTER	DSC Menu Select Traffic CH 08
ENTER	DSC Menu ndividual Call Ready
ENTER	Individual Call TX Complete Now Waiting for ACK
	nach Received ACK
	25 W - **DSC** - 08 Received INDV ACK 211281540
SQL / VOL	*Squelchen / Lautstärke einstellen*
	Anruf im Sprechfunk

Bremen
this is Mainz
the new port of destination is Hamburg
over

Aufgabe (16) - Kanalwechsel

Sie möchten vom Kanal 16 auf den Kanal 72 wechseln	

ICOM M505	
POWER	25 W - **DSC** - CALL - 16
SQL / VOL	Squelchen / Lautstärke einstellen
	25 W - **DSC** - 72
SQL / VOL	Squelchen / Lautstärke einstellen
	Anruf im Sprechfunk

Ein Kanalwechsel ist der anderen Funkstelle vorab im Sprechfunk anzuzeigen, damit sicher gestellt ist, dass die Funkstelle auch den Kanalwechsel mitmacht. Also wird vorab die Funkstelle auf dem Kanal 16 informiert und nachfolgend der Kanalwechsel durchgeführt.

Aufgabe (17) - Abwicklung des Routineverkehrs mit einer Seefunkstelle

Mainz- DDPW - MMSI 211 346 750 - möchte den neuen Port of Destination der Bremen - 211 281 540 - DDAB - mitteilen

Leiten Sie den Funkverkehr ein

ICOM M505	
POWER	25 W - *DSC* - CALL - 16
SQL / VOL	*Squelchen / Lautstärke einstellen*
	Anruf im Sprechfunk

> Bremen – Bremen – Bremen – DDAB
>
> this is Mainz – Mainz – Mainz DDPW
>
> please change on CH 08
>
> over

nun wird die Bremen sich melden

> Mainz DDPW
>
> this is Bremen DDAB
>
> change on CH 08
>
> over

jetzt kommt es zur Mitteilung

> Bremen
>
> this is Mainz
>
> the new port of destination is Hamburg
>
> over

Aufgabe (18) - DSC-Controller editieren und Senden eines Routineanrufes an eine Küstenfunkstelle

Mit Lyngby Radio - MMSI 00219 1000 - Kontakt aufnehmen	
Leiten Sie den Funkverkehr ein	

ICOM M505	
POWER	25 W - **DSC** - CALL - 16
SQL / VOL	Squelchen / Lautstärke einstellen
MENU	DSC Menu Individual Call
ENTER	DSC Menu Select Address Manual Input
ENTER	DSC Menu Input Address Input 9 digits 002191000
ENTER	DSC Menu Select Category Routine
ENTER	DSC Menu Individual Call Ready
ENTER	DSC Menu Individual Call TX Complete Now Waiting for ACKN
	25 W - DSC - 04 Received ACK 002191000
SQL / VOL	Squelchen / Lautstärke einstellen
	Anruf im Sprechfunk

Der Arbeitskanal wird von der Küstenfunkstelle im ACK angegeben. Die Küstenfunkstelle meldet sich zuerst

Aufgabe (19) - Abwicklung des Routineverkehrs mit einer Küstenfunkstelle

Mainz - DDPW - MMSI 211 346 750 - möchte Lyngby Radio - MMSI 00219 1000 - Arbeits-Kanal 04 - den Tiefgang und den Flaggenstaat angeben

Leiten Sie den Funkverkehr ein

ICOM M505	
POWER	*25 W - **DSC** - CALL - 16*
SQL / VOL	*Squelchen / Lautstärke einstellen*
	25 W - DSC - 04
	Anruf im Sprechfunk

Lyngby Radio - Lyngby Radio - Lyngby Radio

this is Mainz - Mainz - Mainz DDPW

My draft ist 2,50 meters - may flagstate ist Germany

over

Aufgabe (20) - Einstellen des DSC-Controllers

DSC-Controller für einen INDIVIDUAL-CALL einstellen - CH 72

ICOM M505	
POWER	*25 W - **DSC** - CALL - 16*
SQL / VOL	*Squelchen / Lautstärke einstellen*
MENU	*DSC Menu* *Individual Call*
ENTER	*DSC Menu* *Select Address* *Manual Input*
ENTER	*DSC Menu* *Input Address* *Input 9 digits* *211 346 750*
ENTER	*DSC Menu* *Select Category* *Routine*
ENTER	*DSC Menu* *Select Traffic CH* *72*
ENTER	*DSC Menu* *Individual Call Ready*

Hinweis :

Auf den nachfolgenden Seiten 110 - 148 werden die Aufgaben noch einmal zu Üben vorgetragen.

Sie haben die Funkgeräte nun kennen gelernt und sicherlich die für Sie beste Handhabung **eines** der Geräte festgestellt. Es empfiehlt sich daher mit dem Funkgerät, welches Sie bevorzugen, zu trainieren.

Sie haben bei der praktischen Prüfung die entsprechende Wahl.

Setzen Sie sich mit dem von Ihnen gewählten Prüfungsausschuss diesbezüglich in Verbindung.

Sollte die Prüfung in Ihrem Ausbildungsbetrieb stattfinden, werden die Schulungsgeräte auch als Prüfungsgeräte verwendet.

NOCH EINMAL ZUM ÜBEN

ICOM M505

Prüfungsteil A - Pflichtaufgaben

Aufgabe (1) - DSC Controller editieren und Senden eines Notalarms

> Auf Ihrer Motoryacht Cuxhaven Star - MMSI 211 003 227 - CALL SIGN DGDB - ist ein Besatzungsmitglied über Bord gegangen - 241655UTCAug - Position 48°-10,3′N - 008°-25,4′W. Es wird dringend Such- und Rettungshilfe erbeten
>
> Cuxhaven Star - MMSI 211 003 227 - CALL SIGN DGDB - 241655UTCAug - position 48°-10,3′N - 008°-25,4′W - person over Board, require immediate search and rescue assistance.
>
> Leiten Sie den Funkverkehr ein

Welche Alarmierung erfolgt zuerst ?

Wie können Sie bei einem Fehler in der Eingabe der Position und/oder Uhrzeit den Cursor nach rechts und nach links bewegen ?

Auf dem Display sehen Sie Wait ACK - <CLR Cancel ACK>
Was bedeuten diese Angaben ?

Was folgt nach Erhalt der Bestätigung ?

Lösung Aufgabe (1)

Es folgt zuerst die Meldung per DSC

Bei einem Fehler in der Eingabe der Position und/oder Uhrzeit können Sie mit der Taste 16C den Cursor nach rechts und der Taste DIAL den Cursor nach links bewegen

ICOM M505	
POWER	25 W - **DSC** - CALL - 16
SQL / VOL	Lautstärke / Squelchen
MENU	DSC Menu Distress Setting
ENTER	DSC Menu Select Nature MOB
ENTER	DSC MENU Input Position 48-10-3 N 008-25-4 W
ENTER	DSC Menu Input UTC Time 16:55
ENTER	
DISTRESS	Distress Call - Push for 5 sec.
	Distress Call - TX Complete Now Waiting For ACK 25 W - **DSC** - CALL - 16 Wait ACK <CLR Cancel ACK>

Nach dem Senden des Notalarms erhalten Sie in der Regel von einer Küstenfunkstelle ein ACK = Acknowledgement = Bestätigung und können nun die Notmeldung im Sprechfunk aussenden.

<CLR Cancel ACK> gibt Ihnen die Möglichkeit den Empfang des Acknowledgement zu canceln. Damit verhindern Sie die **erneute Aussendung** der Notmeldung, was bei **einem Fehlalarm** sinnvoll ist.

Die ausgesendete DSC-Notmeldung ist damit aber nicht aufgehoben oder beendet !

Aufgabe (2) - Aussenden der Notmeldung

Auf Ihrer Motoryacht Cuxhaven Star - MMSI 211 003 227 - CALL SIGN DGDB - ist ein Besatzungsmitglied über Bord gegangen - 241655UTCAug - Position 48°-10,3´N - 008°-25,4´W. Es wird dringend Such- und Rettungshilfe erbeten

Cuxhaven Star - MMSI 211 003 227 - CALL SIGN DGDB - 241655UTCAug - position 48°-10,3´N - 008°-25,4´W - person over Board, require immediate search and rescue assistance.

Leiten Sie den Funkverkehr ein

Wer bestätigt im Regelfall den DSC-Notalarm ?
Wann muss die MMSI angegeben werden ?
Was bedeutet die Date/Time-Angabe 241655UTCAug ?

Lösung Aufgabe (2)

ICOM M505	
POWER	25 W - **DSC** - CALL - 16
SQL / VOL	Lautstärke / Squelchen
	Anruf im Sprechfunk

> mayday – mayday – mayday
>
> this is Cuxhaven Star – Cuxhaven Star – Cuxhaven Star –DGDB– 211 003 227 *
>
> mayday Cuxhaven Star – DGDB – 211 003 227 *
>
> in position 48° 10,3´N 008° 25,4´ W – at 1655 UTC – person over bord
>
> require immediate search an rescue assistance
>
> over

Nach dem Senden des Notalarms erhalten Sie in der Regel von einer Küstenfunkstelle ein Acknowledgement, also eine Bestätigung und können nun die Notmeldung im Sprechfunk aussenden.

Die MMSI kann nur dann angegeben werden, wenn vorher per DSC der Notfall erklärt wurde, da diese in der DSC-Meldung angezeigt wird !

241655UTCAug - 24. August 16.55 Uhrzeit in UTC. Die Angabe Tag/Monat wird nicht in der Sprechfunkmeldung genannt. Ausnahme, wenn der Notverkehr über einen Tageswechsel/Monatswechsel läuft

Aufgabe (3) - Beenden des Notverkehrs

Auf Ihrer Motoryacht Cuxhaven Star - MMSI 211 003 227 - CALL SIGN DGDB - war ein Besatzungsmitglied über Bord gegangen - 241655UTCAug - Position 48°-10,3´N - 008°-25,4´W. Die Person ist um 1725 UTC gerettet.

Leiten Sie den Funkverkehr ein

Kann der Notverkehr auch per DSC beendet werden ?

Wer kann den Notverkehr beenden ?

Lösung Aufgabe (3)

ICOM M505	
POWER	*25 W - **DSC** - CALL - 16*
SQL / VOL	*Lautstärke / Squelchen*
	Anruf im Sprechfunk

mayday
all stations - al stations - al stations
this is Cuxhaven Star - Cuxhaven Star - Cuxhaven Star - DGDB - 211 003 227
at 1725 UTC - Cuxhaven-Star - DGDB - 211003227
silence fini

Nein, die Beendigung des Notverkehrs kann nur per Sprechfunk erfolgen

Der Notverkehr kann durch den Havaristen, dem MRCC und dem OSC beendet werden.

Aufgabe (4) - DSC Controller editieren - Senden eines Dringlichkeitsanrufes und Abgabe der Dringlichkeitsmeldung

Nordstern - 211 003 227 - DEAA - Maschinenausfall - Manövrierunfähig - Hohe Dünung - benötigt dringend Schlepperhilfe - Position 48° 23,8´N - 007° 10,4´W - 121516UTCSep
Position 48° 23,8´N - 007° 10,4´W - engine is out of order - at 1516 UTC - high swell - ship is not under command - require tug assistance
Leiten Sie den Funkverkehr ein

Auf welchem Kanal sind Dringlichkeitsmeldungen zu senden? Gibt es eine Ausnahme ?

Lösung Aufgabe (4)

ICOM M505	
POWER	25 W - **DSC** - CALL - 16
SQL / VOL	Lautstärke / Squelchen
MENU	DSC Menu All Ships Call
ENTER	DSC Menu Select Category Urgency
ENTER	DSC Menu Select Traffic CH 16
Dringlichkeitsmeldungen immer auf Kanal 16 - Ausnahme, Kanal 16 ist mit einer Notmeldung belegt - dann ein anderer Schiff-Schiff-Kanal	
ENTER	All Ships Call Ready
ENTER	All Ships Call TX Complete 25 W - **DSC** - CALL - 16
SQL / VOL	Lautstärke / Squelchen
	Anruf im Sprechfunk

```
              pan pan - pan pan - pan pan
           all stations - all stations - all stations
      this is Nordstern - Nordstern - Nordstern - DMIK - 211 003 227
in position 48° 23,8´N - 007° 10,4´W - at 1516 UTC - engine is out of order -
                      require tug assistance
                              over
```

Dringlichkeitsmeldungen werden immer auf dem Kanal 16 verbreitet.

Eine Ausnahme wäre, dass der Kanal 16 mit einer Notmeldung belegt ist. Für diesen Fall könnte ein anderer Schiff-Schiff-Kanal gewählt werden.

Aufgabe (5) - Speicherabfrage und Bestätigung des Empfangs eines DSC-Notalarms

Bremen - 211 281 540 - DDAB - 241655UTCAug
Lesen Sie das Received Call Log aus
Folgende Meldung wird per Speicherabfrage aufgenommen :   Distress - From : 211497470 - Fire - 57° 05,3´N - 007° 19,4´E -1659 UTC
Bestätigen Sie den Empfang

Welcher Sprechfunk-Kanal wird hierfür benutzt ?

Kann der Schiffsname und das CALL SIGN in der Meldung genannt werden ?

Lösung Aufgabe (5)

ICOM M505	
POWER	25 W - **DSC** - CALL - 16
SQL / VOL	Lautstärke / Squelchen
MENU	DSC Menu Received Calls
ENTER	DSC Menu Distress
ENTER	DSC Menu Select Message
ENTER	**z.B.** Distress 211497470 Fire LAT : 57° 05,3´N LON : 007° 19,4´E UTC : 1659
MENU	25 W - **DSC** - CALL - 16
SQL / VOL	Lautstärke / Squelchen
	Anruf im Sprechfunk

Es folgt nun die Bestätigung der Notmeldung per Sprechfunk Kanal 16

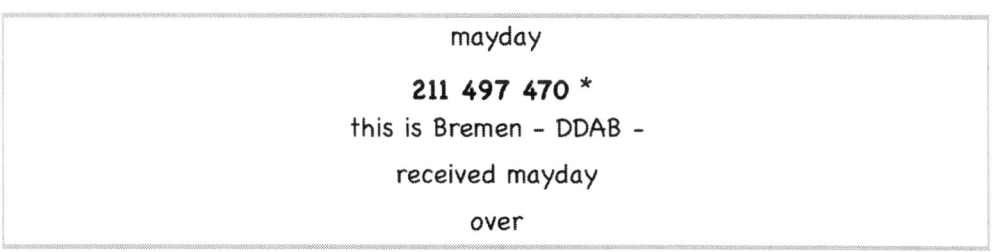

mayday
211 497 470 *
this is Bremen - DDAB -
received mayday
over

Es kann nur die **MMSI** im Anruf genannt werden, da Schiffsname und CALL SIGN nicht per DSC übermittelt werden !!

Aufgabe (6) - Weiterleitung eines Notalarms bzw. Notmeldung per Sprechfunk

Bremen - 211 281 540 - DDAB - 241655UTCAug
Folgende Mitteilung ist auf der Bremen im Sprechfunk eingegangen
mayday - mayday - mayday this is Cuxhaven Star - Cuxhaven Star - Cuxhaven Star - DGAA - 211497470 mayday Cuxhaven Star - DGAA - 211497470 in position 57° 05,3´N - 007° 19,4´E - at 1655UTC fire in engine room require immediate fire and rescue assistance over
Leiten Sie den Funkverkehr ein

Gemäß WRC 07 und WRC 12 ist eine Weiterleitung eines Notrufes wie zunächst zu senden ?

Wenn keine gute Sprechfunkverbindung zu erwarten ist oder der Versuch per Sprechfunk fehlgeschlagen ist, wie erfolgt dann die Weiterleitung und an wen ??

Lösung Aufgabe (6)

Gemäß WRC 07 und WRC 12 ist eine Weiterleitung eines Notrufes bei einer guten Sprechfunkverbindung zunächst per Sprechfunk zu senden

ICOM M505	
POWER	*25 W - **DSC** - CALL - 16*
SQL / VOL	*Lautstärke / Squelchen*
	Anruf in Sprechfunk

> mayday relay - mayday relay - mayday relay
> all stations - all stations - all stations
> this is Bremen - Bremen - Bremen DDAB
> at 1655 UTC following message received on distress channel 16
> mayday - Cuxhaven - DGAA - 211 497 470 -
> position 57° 05,3´N 007° 19,4´E - fire in engine room -
> require immediate fire and rescue assistance - end of message
> over

Nur wenn **keine gute Sprechfunkverbindung** zu erwarten ist oder der Versuch per Sprechfunk fehlgeschlagen ist, **dann eine Weiterleitung per DSC an die Küstenfunkstelle**

Aufgabe (7) - Aufhebung eines Fehlalarms

Mainz - DDPW - MMSI 211 346 750

Versehentliche Auslösung eines Notalarms um 1233 UTC

Kann der Fehlalarm auch per DSC aufgehoben werden ?

Was ist zuerst durchzuführen, wenn der DSC-Alarm (Fehlalarm) vollständig gesendet wurde und was folgt danach ??

Lösung Aufgabe (7)

ICOM M505	
POWER	25 W - **DSC** - CALL - 16
SQL / VOL	Lautstärke / Squelchen
	Anruf im Sprechfunk

> all stations - all stations - all stations
> this is Mainz - Mainz - Mainz DDPW - 211 346 750
> please cancel my distress alert of 1233 UTC
> over

Nein, der Fehlalarm ist ausschließlich per Sprechfunk aufzuheben

Wenn der DSC-Alarm (Fehlalarm) vollständig gesendet wurde ist zuerst die Wiederholung der automatischen Aussendung zu canceln und dann die Aufhebungen per Sprechfunk durchzuführen

Aufgabe (8) - DSC-Controller editieren - Senden eines Sicherheitsanrufs und Abgabe der Sicherheitsmeldung

Nordstern - DMIK - 211 721 720 - Position 48° 23,4´N - 007° 10,2´W - 1244 UTC - Treibende Container gesichtet
In position 48° 23,4´N - 007° 10,2´W - at 1244 UTC - observed drifting containers - ships are requested to keep a wide berth
Leiten Sie den Funkverkehr ein

Auf welchen Funkkanal werden Sicherheitsmeldungen verbreitet ?

Was wäre eine Ausnahme ?

Lösung Aufgabe (8)

ICOM M505	
POWER	25 W - *DSC* - CALL - 16
SQL / VOL	Lautstärke / Squelchen
MENU	DSC Menu All Ships Call
ENTER	DSC Menu Select Category Safety
ENTER	DSC Menu Select Traffic CH 16
ENTER	All Ships Call Ready
ENTER	All Ships Call - TX Complete
	25 W - *DSC* - CALL - 16
SQL / VOL	Lautstärke / Squelchen
	Anruf im Sprechfunk

> securite -securite - securite
>
> all stations - all stations - all stations
>
> this is Nordstern - Nordstern - Nordstern - DMIK - 211 721 720
>
> in position 48° 23,4´N - 007° 10,2´W - at 1244 UTC - observed drifting containers ships are requested to keep wide berth
> over

Sicherheitsmeldungen werden immer auf dem Kanal 16 verbreitet.

Eine Ausnahme wäre, dass der Kanal 16 mit einer Notmeldung belegt ist. Für diesen Fall könnte ein anderer Schiff Schiff Kanal gewählt werden.

Aufgabe (9) - Aussenden eines Notalarms durch eine Funkstelle die selbst nicht in Not ist

> Nordstern - DMIK - 211 721 720 - Position 55° 16´N - 016° 23´E - 241655UTC Aug - Rote Raketen in rechtweisender Peilung 45° gesichtet - Schiffe in diesem Gebiet werden gebeten Ausguck zu gehen und MRCC Gothenburg zu informieren
>
> In position 55° 16´N 016° 23´E - 241655UTCAug red rockets observed in true bearing of 45 degrees, all ships in this area please keep sharp lookout and report to MRCC Gothenburg

Was ist die Voraussetzung für eine solche Aussendung ?

Lösung Aufgabe (9)

ICOM M505	
POWER	*25 W - **DSC** - CALL - 16*
SQL / VOL	*Squelchen / Lautstärke einstellen*
	Anruf im Sprechfunk

> mayday relay - mayday relay - mayday relay
> all stations - all stations - all stations
> this is Nordstern - Nordstern - Nordstern - DMIK - 211 721 720
> position 55° 16´N 016°-23´E - at 1655 UTC - red rockets observed in true bearing 45 degrees - all ships in this area please keep sharp lookout and report to
> MRCC Gothenburg.
> over

Der Notfall muss vom Havaristen klar erkennbar angezeigt worden sein. Keine Vermutungen !

Aufgabe (10) - DSC-Speicherabfrage und Empfangsbestätigung

Bremen - 211 281 540 - DDAB - 241655UTCAug
Lesen Sie das Received Call Log aus
Folgende Meldung wird per Speicherabfrage aufgenommen : Distress - From : 211497470 - Fire - 57° 05,3´N - 007° 19,4´E -1659 UTC
Bestätigen Sie den Empfang

Welcher Sprechfunk-Kanal wird hierfür benutzt ?

Kann der Schiffsname und das CALL SIGN in der Meldung genannt werden ?

Wer kann eine Bestätigung des Notalarms durchführen ?

Lösung Aufgabe (10)

ICOM M505	
POWER	*25 W - **DSC** - CALL - 16*
SQL / VOL	*Squelchen / Lautstärke einstellen*
MENU	*DSC Menu* *Received Calls*
ENTER	*DSC Menu* *Select Message* *Distress*
ENTER	*DSC Menu* *Select Message* *16:59 211497470*
ENTER	***z.B.*** *Distress* *211497470* *Fire* *LAT : 57° 05,3´N* *LON : 007° 19,4´E* *UTC: 16:59*
MENU	*25 W - **DSC** - CALL - 16*
SQL / VOL	*Squelchen / Lautstärke einstellen*
	Anruf im Sprechfunk

> mayday
> **211 497 470***
> this is Bremen – DDAB
> received mayday
> over

Es wird der Sprechfunkkanal 16 benutzt
Es kann nur die MMSI genannt werden, da per DSC kein Schiffsname und CALL SIGN übermittelt werden.
Eine Bestätigung des Notalarms kann nur dann durchgeführt, wenn die Personen und das Schiff geeignet sind Hilfe zu leisten

Aufgabe (11) - Abwicklung des Notverkehrs

Bremen - 211 281 540 - DDAB - 241655UTCAug

Folgende Mitteilung ist auf der Bremen im Sprechfunk eingegangen

mayday - mayday - mayday

this is Cuxhaven Star - Cuxhaven Star - Cuxhaven Star - DGAA- MMSI 211 497 470

mayday Cuxhaven Star - DGAA - 211 497 470

in position 57° 05,3´N - 007° 19,4´E - at 1655UTC fire in engine room require immediate fire and rescue assistance

Leiten Sie den Funkverkehr ein

Wann können Sie diese Notmeldung bestätigen ?

Was könnte das nächste Handeln sein ?

Lösung Aufgabe (11)

Da die Bremen Hilfe leisten kann, bestätigt sie den Erhalt der Notmeldung !

ICOM M505	
POWER	25 W - **DSC** - CALL - 16
SQL / VOL	Squelchen / Lautstärke einstellen
	Anruf im Sprechfunk

> mayday
> Cuxhaven Star - DGAA
> this is Bremen - DDAB -
> received mayday
> over

Nun könnte eine Mayday-Weiterleitung folgen

> mayday relay - mayday relay - mayday relay
> all stations - all stations - all stations
> this is Bremen - Bremen - Bremen DDAB
> at 1655 UTC following message received on distress channel 16
> mayday - Cuxhaven - DGAA - 211 497 470 -
> position 57° 05,3´N 007° 19,4´E - fire in engine room -
> require immediate fire and rescue assistance - end of message
> over

Aufgabe (12) - Abwicklung des Funkverkehrs vor Ort

Bremen - 211 281 540 - DDAB - 241655UTCAug

Folgende Mitteilung ist auf der Bremen im Sprechfunk eingegangen

mayday - mayday - mayday

this is Cuxhaven Star - Cuxhaven Star - Cuxhaven Star -
DGAA- MMSI 211 497 470

mayday Cuxhaven Star - DGAA - 211 497 470

in position 57° 05,3´N - 007° 19,4´E - at 1655UTC fire in engine room
require immediate fire and rescue assistance

Sie haben die Notmeldung bestätigt und wünschen weitere Informationen, z.B. die Angabe der Personenzahl

Wie beginnt jeder Funkspruch im Notverkehr und warum ??

Lösung Aufgabe (12)

ICOM M505	
POWER	25 W - **DSC** - CALL - 16
SQL / VOL	Squelchen / Lautstärke einstellen
	Anruf im Sprechfunk

> **mayday ***
> Cuxhaven
> this is Bremen
> we need further information - how many persons on board
> over

Der Funkspruch im Notverkehr beginnt immer mit MAYDAY*. Damit ist klar gestellt, dass ein Notverkehr läuft und nur die Funkstellen am Sprechfunk teilnehmen, die aktiv am Notfall teilnehmen!

Aufgabe (13) - Funkstille gebieten

Bremen - 211 281 540 - DDAB - 241655UTCAug
Sie haben einen Notfall. Ein unbekanntes Fahrzeug stört Ihren Notverkehr

Wer kann Funkstille gebieten ?

Lösung Aufgabe (13)

Der Havarist, die MRCC oder der OSC vor Ort können Funkstille gebieten

ICOM M505	
POWER	25 W - **DSC** - CALL - 16
SQL / VOL	Squelchen / Lautstärke einstellen
	Anruf im Sprechfunk

all stations
silence mayday

Aufgabe (14) - Aufhebung einer Dringlichkeitsmeldung

Nordstern - 211 003 227 - DEAA - Sie hatten einen Maschinenausfall und benötigten dringend Schlepperhilfe - Position 48° 23,8´N - 007° 10,4´W - 121516UTCSep - Schlepperhilfe ist vor Ort

Leiten Sie den Funkverkehr ein

Lösung Aufgabe (14)

ICOM M505	
POWER	*25 W - **DSC** - CALL - 16*
SQL / VOL	*Squelchen / Lautstärke einstellen*
	Anruf im Sprechfunk

> pan pan – pan pan – pan pan
> all stations – all stations – all stations
> this is Nordstern – Nordstern – Nordstern – DMIK – 211 003 227
> please cancel my urgency message of 1516 UTC
> over

Aufgabe (15) - DSC-Controller editieren und Senden eines Routineanrufes an eine Seefunkstelle

Mainz - DDPW - MMSI 211 346 750 - möchte den neuen Zielhafen (Port of Destination) der Bremen - 211 281 540 - DDAB - mitteilen - Schiff-Schiff-Kanal 08

Leiten Sie den Funkverkehr ein

Lösung Aufgabe (15)

ICOM M505	
POWER	*25 W - **DSC** - CALL - 16*
SQL / VOL	*Squelchen / Lautstärke einstellen*
MENU	*DSC Menu* *Individual Call*
ENTER	*DSC Menu* *Manual Input*
ENTER	*DSC Menu* *Input Address* *Input 9 digits* *211281540*
ENTER	*DSC Menu* *Select Category* *Routine*
ENTER	*DSC Menu* *Select Traffic CH* *08*
ENTER	*DSC Menu* *ndividual Call Ready*
ENTER	*Individual Call* *TX Complete* *Now Waiting for ACK*
	nach Received ACK
	*25 W - **DSC** - 08* *Received* *INDV ACK* *211281540*
SQL / VOL	*Squelchen / Lautstärke einstellen*
	Anruf im Sprechfunk

> Bremen
>
> this is Mainz
>
> the new port of destination is Hamburg
>
> over

Aufgabe (16) - Kanalwechsel

Sie möchten vom CH16 auf den CH72 wechseln

Lösung Aufgabe (16)

Ein Kanalwechsel ist der anderen Funkstelle vorab anzuzeigen, damit sicher gestellt ist, dass die Funkstelle auch den Kanalwechsel mitmacht. Also wird vorab die Funkstelle auf dem Kanal 16 informiert und nachfolgend der Kanalwechsel durchgeführt.

ICOM M505	
POWER	*25 W - **DSC** - CALL - 16*
SQL / VOL	*Squelchen / Lautstärke einstellen*
	*25 W - **DSC** - 72*
SQL / VOL	*Squelchen / Lautstärke einstellen*
	Anruf im Sprechfunk

Aufgabe (17) - Abwicklung des Routineverkehrs mit einer Seefunkstelle

Mainz - DDPW - MMSI 211 346 750 - möchte den neuen Zielhafen (Port of Destination) der Bremen - 211 281 540 - DDAB - mitteilen - Schiff-Schiff-Kanal 08

Leiten Sie den Funkverkehr ein

Lösung Aufgabe (17)

ICOM M505	
POWER	*25 W - **DSC** - CALL - 16*
SQL / VOL	*Squelchen / Lautstärke einstellen*
	Anruf im Sprechfunk

> Bremen - Bremen - Bremen - DDAB
>
> this is Mainz - Mainz - Mainz DDPW
>
> please change on CH 08
>
> over

Nun wird die Bremen sich melden

> Mainz DDPW
>
> this is Bremen DDAB
>
> change on CH 08
>
> over

Jetzt kommt es zur Mitteilung

> Bremen
>
> this is Mainz
>
> the new port of destination is Hamburg
>
> over

Aufgabe (18) - DSC-Controller editieren und Senden eines Routineanrufes an eine Küstenfunkstelle

Mainz - DDPW - MMSI 211 346 750 -   Sie möchten mit Lyngby Radio - MMSI 00219 1000 - Kontakt aufnehmen
Leiten Sie den Funkverkehr ein

Wer gibt den Arbeitskanal vor ?

Wer meldet sich zuerst ?

Wie kann ich bei einer Fehleingabe den Cursor zurück und vorwärts bewegen ?

Lösung Aufgabe (18)

ICOM M505	
POWER	25 W - **DSC** - CALL - 16
SQL / VOL	Squelchen / Lautstärke einstellen
MENU	DSC Menu Individual Call
ENTER	DSC Menu Select Address Manual Input
ENTER	DSC Menu Input Address Input 9 digits 002191000
ENTER	DSC Menu Select Category Routine
ENTER	DSC Menu Individual Call Ready
ENTER	DSC Menu Individual Call TX Complete Now Waiting for ACKN
	25 W - DSC - 04 Received ACK 002191000
SQL / VOL	Squelchen / Lautstärke einstellen
	Anruf im Sprechfunk

Im Acknowledgement der Küstenfunkstelle wird ein Arbeits-Kanal angegeben, hier CH04

Die Küstenfunkstelle meldet sich zuerst

Bei einer Fehleingabe können Sie den Cursor mit der Taste DIAL zurück und mit der Taste 16C vorwärts bewegen

Aufgabe (19) - Abwicklung des Routineverkehrs mit einer Küstenfunkstelle

Mainz - DDPW - MMSI 211 346 750 -   Sie möchten mit Lyngby Radio - MMSI 00219 1000 - Kontakt aufnehmen den Flaggenstaat und den Tiefgang angeben
Leiten Sie den Funkverkehr ein

Aufgabe (20) - Einstellen des DSC-Controllers

DSC-Controller für einen INDIVIDUAL-CALL einstellen

Lösung Aufgabe (19)

ICOM M505	
POWER	25 W - **DSC** - CALL - 16
SQL / VOL	Squelchen / Lautstärke einstellen

> Lyngby Radio – Lyngby Radio – Lyngby Radio
> this is Mainz – Mainz – Mainz DDPW
> My draft ist 2,50 meters – may flagstate ist Germany
> over

Lösung Aufgabe (20)

ICOM M505	
POWER	25 W - **DSC** - CALL - 16
SQL / VOL	Squelchen / Lautstärke einstellen
MENU	DSC Menu Individual Call
ENTER	DSC Menu Select Address Manual Input
ENTER	DSC Menu Input Address Input 9 digits 211 346 750
ENTER	DSC Menu Select Category Routine
ENTER	DSC Menu Select Traffic CH 72
ENTER	DSC Menu Individual Call Ready

27 SEEFUNK-TEXTE

Einer dieser nachfolgenden englischen Texte wird in der Prüfung diktiert und ist nachfolgend schriftlich ins Deutsche zu übersetzen.
Das Diktat wird langsam zum Mitschreiben vorgetragen. Eigennamen werden wiederholt und buchstabiert. Positionen und Zeitangaben werden in Einzelziffern angegeben und wiederholt.

Beispiel :

M/V Freyburg / DCAW reports person over board, last seen in position 53-53N 008-56E at 0730 UTC. All ships in vicinity are requested to keep sharp lookout and report to Maritime Rescue Coordination Centre Bremen.

„ *Motor Vessel Freyburg -* ***i repeat and spell*** *- F r e y b u r g*
Foxtrott - Romeo - Echo - Yankee - Bravo - Uniform - Golf

reports person over board, last seen in position
five - three -degrees - five - three - minutes north
zero - zero - eight - degrees - five - six - minutes east - ***i repeat***

five - three -degrees - five - three - minutes north
zero - zero - eight - degrees - five - six - minutes east
at zero - seven - three - zero UTC - ***i repeat*** *zero - seven - three - zero UTC*

All ships in vicinity are requested to keep sharp lookout and report to Maritime Rescue Coordination Centre Bremen „

a) Richtung Land – See

b) Richtung See – Land/Schiff – Schiff

(a) In der Nähe der Leucht-Heultonne Humber 5 wurde ein gekentertes Rettungsfloß beobachtet. Überlebende wurden nicht gesichtet. Schiffe in dem Gebiet werden gebeten, scharf Ausschau zu halten.

In vicinity of light and whistle buoy Humber 5 capsized life-raft observed. Survivors were not sighted. Ships in area are requested to keep sharp lookout.

(b) Seydisfjord / DFBY auf Position 61-10N 003-45E, nach einer Explosion Feuer im Motorraum, zwei Personen schwer verletzt, wir müssen das Schiff verlassen, benötigen sofortige Hilfe.

Seydisfjord / DFBY in position 61-10N 003-45E, after explosion fire in engine room, two persons are seriously injured, we have to abandon the vessel, require immediate help.

(b) M/S Freyburg / DCAW berichtet Person über Bord, um 0730 UTC zuletzt gesichtet auf Position 53-53N 008-56E. Alle Schiffe in der Nähe werden gebeten, scharf Aus-schau zu halten und die Seenotleitung Bremen zu informieren.

M/V Freyburg / DCAW reports person over board, last seen in position 53-53N 008-56E at 0730 UTC. All ships in vicinity are requested to keep sharp lookout and report to Maritime Rescue Coordination Centre Bremen.

(b) Vikingbank / DESI auf Position 54-07N 008-46E, Ruder gebrochen, treiben in rauer See auf die Sände zu, benötigen sofortige Hilfe.

Vikingbank / DESI in position 54-07N 008-46E, rudder broken, drifting in rough sea towards the banks, require immediate assistance.

(a) Mensch über Bord auf Position 54-12N 012-03E um 2110 UTC. Schiffe in der Nähe werden gebeten, scharf Ausschau zu halten und der Seenotleitung Bremen zu berichten.

Person over board in position 54-12N 012-03E at 2110 UTC. Ships in vicinity are requested to keep sharp lookout and to report to Maritime Rescue Coordination Centre Bremen.

(b) M/S Kybfels / DEJM auf Position 48-28N 005-14W, habe starke Schlagseite nach Backbord. Schiffe in der Nähe bitte Position, Kurs und Geschwindigkeit für mögliche Hilfeleistung angeben.

M/V Kybfels / DEJM in position 48-28N 005-14W, heavy list to port side. Ships in vicinity please indicate position, course and speed for possible assistance.

(a) Rote Raketen beobachtet auf Position 55-16N 016-23E, rechtweisende Peilung 45 Grad, alle Schiffe in diesem Gebiet bitte scharf Ausschau halten und an MRCC Göteborg berichten.

Red rockets observed in position 55-16N 016-23E, true bearing of 45 degrees, all ships in this area please keep sharp lookout and report to MRCC Gothenburg.

(a) Sturmwarnung für Skagerrak und Kattegat, West 8 bis 9, abnehmend 7, raue See, Schauer, mäßige bis schlechte Sicht.

Gale warning for Skagerrak and Kattegat, west force 8 to 9, decreasing to force 7, rough sea, showers, moderate to poor visibility.

(b) M/S Gutenfels / DEEV auf Position 16-28S 174-51E, Wassereinbruch, Schiff befindet sich im kritischen Zustand, Schiffe in dem Gebiet werden gebeten, diese Position anzusteuern, um Hilfe zu leisten.

M/V Gutenfels / DEEV in position 16-28S 174-51E, flooding, ship is in critical condition, ships in area are requested to approach to this position for assistance.

(a) Um 0732 UTC folgendes auf UKW-Kanal 16 empfangen: „MAYDAY Fjaellfjord / LGBX auf Position 54-14N 007-52E, Explosionen im Maschinenraum, 6 Personen verletzt, benötigen Hubschrauber und medizinische Hilfe".

Following received at 0732 UTC on VHF channel 16: „MAYDAY Fjaellfjord / LGBX in position 54-14N 007-52E, explosion in engine room, 6 persons are injured, require helicopter and medical assistance".

(b) M/S Undine / DCBY auf Position 54-32N 012-56E, Feuer in den Aufbauten, Schiffe in dem Gebiet werden gebeten, Hilfe bei der Brandabwehr zu leisten.

M/V Undine / DCBY in position 54-32N 012-56E, fire in superstructures, vessels in area are requested to assist in fire fighting.

(b) M/S Hanseatic / DABR auf Position 51-10N 003-45E, Schiff ist wegen defekter Ruderanlage manövrierunfähig, benötige Schlepperhilfe.

M/V Hanseatic / DABR in position 51-10N 003-45E, due to defective steering gear vessel is not under command, require tug assistance.

(b) Yacht Spiekeroog / DB8434 auf Position 12 sm südlich Kap Spartivento ist ein Besatzungsmitglied vom Mast gefallen und schwer verletzt, benötigen dringend ärztliche Hilfe, rechtweisender Kurs 275 Grad, Geschwindigkeit 13 Knoten.

Yacht Spiekeroog / DB8434 in position 12 nm south of Cape Spartivento, a crewmember has fallen off the mast and is seriously injured, require urgent medical assistance, true course 275 degrees, speed 13 knots.

(b) Segelyacht Hadriane / DD2663 auf Position 54-38N 011-13E, Kollision mit Fischereifahrzeug Meyenburg / DCYJ, Yacht sinkt nach Wassereinbruch, benötigen sofortige Hilfe.

S/Y Hadriane / DD2663 in position 54-38N 011-13E, in collision with fishing vessel Meyenburg / DCYJ, yacht is sinking after flooding, require immediate assistance.

(a) Segelboot Rubin / OZMO, 12 m Länge, roter Rumpf und weiße Segel, zwei Personen an Bord, verließ Klintholm am 16. Juli um 0600 Ortszeit mit Bestimmungshafen Visby, ist bisher dort nicht eingetroffen, die Schifffahrt wird gebeten, scharf Ausschau zu halten und an Lyngby Radio zu berichten.

Sailing boat Rubin / OZMO, length 12 m, red hull and white sails, two persons on board, left Klintholm on July 16th at 0600 local time, bound for Visby and has not yet arrived there, shipping is requested to keep sharp lookout and to report to Lyngby Radio.

(b) Tazacorte / DCAX auf Position 53-54N 008-47E, Schiff brennt, Feuer nicht unter Kontrolle, benötige sofortige Hilfe.

Tazacorte / DCAX in position 53-54N 008-47E, vessel on fire, fire not under control, require immediate assistance.

(b) M/S Tete Oldendorff / DKOV auf Position 55-12N 005-08E, ein Besatzungsmitglied, 56 Jahre alt, ist bewusstlos, Verdacht auf Herzinfarkt, benötige dringend medizinische Hilfe per Hubschrauber.

M/V Tete Oldendorff / DKOV in position 55-12N 005-08E, a crew member, 56 years old, is unconscious, suspect of heart attack, require urgently medical assistance by helicopter.

(b) M/S Atlantica / DEAQ auf Position 55-23N 006-18E, Schiff treibt wegen Maschinenausfall manövrierunfähig in sehr schwerer See und hoher Dünung, benötigen dringend Schlepperhilfe.

M/V Atlantica / DEAQ in position 55-23N 006-18E, due to engine trouble ship is not under command and drifting in very rough sea and high swell, require immediate tug assistance.

(a) Segeljacht Relaxe / SWLU, Beschreibung: Länge 40 Fuß, weißer Rumpf und weiße Aufbauten, braune Segel, unterwegs von Martinique zu den Azoren, seit dem 16. Januar überfällig, Schiffe, die sich auf dieser Route befinden, werden gebeten, scharf Ausschau zu halten und der US Küstenwache zu berichten.

Sailing yacht Relaxe / SWLU description: length 40 feet, white hull and white super-structure, brown sails underway from Martinique to the Azores overdue since January 16th, ships on this route are requested to keep sharp lookout and to report to US Coast Guard.

(b) Segeljacht Acatenanco / DB2932, auf Position 61-17N 004-28E, gebrochener Mast, Ruderschaden, Schiff treibt manövrierunfähig in schwerer See, benötigen Schlepperhilfe.

Sailing Yacht Acatenanco / DB2932 in position 61-17N 004-28E, broken mast, damaged rudder, vessel is not under command, drifting in rough sea, require tug assistance.

(a) Im Vorhersagegebiet Dogger Bank starke westliche Winde zunehmend auf Sturmstärke 8 bis 9, später rechtsdrehend, zeitweise Sprühregen, mäßige bis schlechte Sicht.

Forecast area Dogger Bank strong westerly winds increasing to gale force 8 to 9, veering later, drizzle at times, moderate to poor visibility.

(a) Auf der Position 43-00N 009-19W sind mehrere rot gestrichene 40-Fuß-Container gesichtet worden, ein Container mit der Aufschrift TEXASCON, Schiffe in diesem Ge-biet werden gebeten, vorsichtig zu navigieren.

In position 43-00N 009-19W observed several drifting 40-feet containers, red painted, one container marked with TEXASCON, ships in this area are requested to navigate carefully.

(b) M/S Xanthippe hat auf Position 51-28N 002-40E Anker verloren. Schiffe in dem Gebiet werden gebeten, dort weder zu ankern noch Fischereigeschirr zu nutzen.

M/V Xanthippe in position 51-28N 002-40E has lost anchor. Shipping in this area is requested neither to anchor nor to use fishing gear.

(a) Fahrwasser zwischen Den Helder und Den Oever, die Leucht-Heultonne MG 18 ist als verlöscht gemeldet. Die Schifffahrt in diesem Gebiet wird gebeten, vorsichtig zu navigieren.

Fairway between Den Helder and Den Oever light and whistle buoy MG 18 is reported unlit. Shipping in this area is requested to navigate with caution.

(a) Wettervorhersage für das Gebiet nördlich von Portugal: Regen oder Schauer, zeitweise Südwest 6, rasch zunehmend auf West 8, später rechtsdrehend auf Nord-West Stärke 5.

Weather forecast for the area north of Portugal: rain or showers, at times southwest force 6 rapidly increasing to west force 8, veering to northwest force 5 later.

(a) Unterwasser-Kabelarbeiten werden bis zum 16. Februar durch M/S Leon Thevesin fortgeführt. Die Schifffahrt wird gebeten, mehr als 2 sm Abstand von der Position 33-55N 008-04W zu halten.

Underwater cable operations in progress until February 16th by M/V Leon Thevesin. Shipping is requested to keep a berth of more than 2 nm of position 33-55N 008-04W.

(a) Nautische Warnung. Westliche Ostsee. Verkehrstrennungsgebiet südlich Gedser. Austausch der Betonnung des Tieffahrwasserlinie und des Verkehrstrennungsgebietes wird laut Nachrichten für Seefahrer 41/01 vom 28. Mai bis 03. Juni durchgeführt werden.

Navigational warning. Western Baltic (Sea): Traffic separation scheme south of Gedser. Replacement of buoyage of deep water lane and traffic separation scheme will be carried out from 28 May to 03 June according to German notices to mariners 41/01.

MESSAGE MARKERS

Die nachfolgenden acht **Message Markers** (Nachrichten-Markierungen) sind im Sprechfunk zu verwenden, um Missverständnisse zu verhindern :

Instruction	Anweisung
Advice	Rat
Warning	Warnung
Information	Information
Question	Frage
Answer	Antwort auf Question
Request	Anfrage
Intention	Absicht
Responses	Reaktion - Feedback auf Instruction / Advice

Instruction - Advice - Responses

Wenn die Marker - Instruction - Advice - gegeben werden (von VTS oder anderen Autoritäten) ist die Zustimmung / Ablehnung

I will / I can - gefolgt vom vollständigen Text der Instruction / Advice
I will not / I cannot - gefolgt vom vollständigen Text der Instruction / Advice

Instruction / Advice. - „Do not overtake the vessel to the north of you"
Responses. - „I will not overtake the vessel to the north of me"

Warning - „**Warning.** You are running into danger"

Information - Ist eine Information nicht direkt zur Verfügung
　　　　　　　　„Stand by for (..) minutes please"
oder gar nicht zur Verfügung　„No information"

Question / Answer - Wenn die Antwort auf eine Frage positiv / negativ ist

„**Question -** Do you enter the fairway ?"
„**Answer -** Yes, I enter the fairway"

Intention - „ **Intention.** I will enter the fairway"

May / Might / Should / Could

Beispiele

Es wird nicht gesagt : „**May** I enter the fairway / You may enter the fairway ?"
Es wird gesagt : „**Question**. Do I have permission to enter the fairway ?"
„**Answer**. You have permission to enter the fairway"

Es wird nicht gesagt : „I **might** enter the fairway"
Es wird gesagt : **Intention.** I will enter the fairway

Es wird nicht gesagt : You **should** anchor in anchorage area B 3
Es wird gesagt : **Advice**. Anchor in anchorage area B 3l

Es wird nicht gesagt : You **could** be running into danger
Es wird gesagt : Warning. You are running into danger

Mistake / Correction

„My present speed is 14 knots - **Mistake - Correction**, my present speed is 12 , one-two knots"

Verbindungsaufbau

„How do you read me ?"
„I read you   bad"   Signalstärke 1
                 poor"   Signalstärke 2
                 fair"   Signalstärke 3
                 good"   Signalstärke 4
                 excellent" Signalstärke 5

Readiness - Empfangsbereitschaft

„I am ready to receive your message"
„I am not ready to receive your message"

Wird eine Nachricht nicht richtig gehört oder verstanden : „Say again please"

Repetitions - Wiederholungen (*zur Sicherstellung, dass Nachrichten verstanden werden*)

„My present speed ist 14 knots, **repeat**, one-four knots"

REDEWENDUNGEN IM SCHIFFSALLTAG

What is the name of your Vessel and CALL SIGN / identification ?
Wie ist der Name Ihres Fahrzeuges ?

The name of my vessel is ships name - CALL SIGN DHBB
Der Name meines Fahrzeuges ist Nordwind - Rufzeichen DHBB

What is your flag state ?
Was ist Ihr Flaggenstaat ?

My flag state is Germany
Mein Flaggenstaat ist Germany

What ist your position ?
Was ist Ihre Position ?

My position is buoy ST - Alte Weser approach
Meine Position ist die Tonne ST - Einfahrt Alte Weser

What is your present course and speed ?
Was ist Ihr gegenwärtiger Kurs und Ihre Geschwindigkeit ?

My present course ist 150 degrees, my speed is 5 knots
Mein gegenwärtiger Kurs ist 150 Grad, meine Geschwindigkeit ist 5 Knoten

From what direction are you approaching ?
Aus welcher Richtung kommen Sie ?

I am approaching from the north
Ich komme von Norden

What ist your port of destination ?
Was ist Ihr Bestimmungshafen ?

My port of Destination is Bremen
Mein Bestimmungshafen ist Bremen

What ist your last port of call ?
Was war Ihr letzter Anlaufhafen ?

My last port of call was Helgoland
Mein letzter Anlaufhafen war Helgoland

What ist your ETA in ….. ?
Was ist Ihre ETA in Bremen

My ETA is 1550 UTC
Meine ETA in Bremen ist 15.50 Uhr UTC

What is your ETD from Helgoland… ?
Was ist Ihre Auslaufzeit aus Helgoland ?

My ETD from Helgoland is 1020 UTC
Meine Auslaufzeit von Helgoland ist 10.20 Uhr UTC

What is your draft ?
Wie groß ist Ihr Tiefgang ?

My draft is 2,50 metres
Mein Tiefgang ist 2,50 Meter

What is your air draft ?
Wie groß ist Ihre Höhe über Wasser ?

My air draft is 32 metres
Meine Höhe über Wasser ist 32 Meter

Are you underway ?
Befinden Sie sich in Fahrt ?

Yes, I am underway
Ja, ich bin in Fahrt

Your navigation lights are not visible
Ihre Positionslichter sind nicht zu sehen

Recover your fishing gear - you are fishing in the fairway
Holen Sie Ihr Fanggeschirr ein - Sie fischen im Fahrwasser

It is dangerous to anchor in your present position
Es ist gefährlich auf Ihrer gegenwärtigen Position zu ankern

Your present course is to close
Sie steuern zu dicht

You must proceed the fairway
Sie müssen das Fahrwasser befahren

You must wait for MV...to cross ahead of you
Sie müssen warten bis dass das Fahrzeug ...vor Ihnen passiert hat

Do not overtake
Überholen Sie nicht

Do not cross the fairway
Queren Sie das Fahrwasser nicht

Alter course to the north
Ändern Sie Ihren Kurs Richtung Norden

Stop engines
Stoppen Sie Ihre Maschinen

You must close up to the vessel ahead of you
Sie müssen zu dem vor Ihnen fahrenden Fahrzeug aufschließen

Keep course - I will given way
Halten Sie Ihren Kurs - ich werde ausweichen

Keep course - we will alter course to give way
Halten Sie Ihren Kurs - Wir werden zum Ausweichen den Kurs ändern

We need not give way
Wir brauchen nicht auszuweichen

You are not complying with the traffic regulations
Sie handeln entgegen den Verkehrsvorschriften

The bearing to your vessel in 120 degrees is constant
Die Peilung 120 Grad zu Ihrem Fahrzeug steht

The CPA is Zero - you must alter your course to give way
Der kleinste Annäherungspunkt ist Null - Sie müssen Ihren Kurs ändern und ausweichen

GENERAL TERMS

Abandon vessel	Schiff aufgeben
Adrift	Treibend
Ahead	Voraus
Air draft	Höchste Höhe des Fahrzeuges von der Wasserlinie
Assembly station	Sammelplatz an Deck nach Musterrolle
Astern	Achteraus
Backing (of wind)	Rückdrehen des Windes
Beach to	Fahrzeug stranden lassen um ein Sinken zu verhindern
Berth	Liegeplatz oder Sicherheitsabstand der frei zu halten ist
Berthing	Anlegen
Blast	Pfeifsignal mit dem Signalhorn
Blind sector	Ein Sektor, der vom Schiffsradar nicht erfasst wird
Bollard	Poller
Bow	Bug
Briefing	Einweisung
Cable	Ankerkette oder Trosse oder Kabellänge (Längenmaß)
Capsize	Kentern
Cardinal buoy	Kardinaltonne
Cardinal points	Hauptstriche - Die vier Haupthimmelsrichtungen Kompass
Close up	Abstand verringern
Course	Soll-Kurs (durchs Wasser)
Course made good	Kartenkurs
CPA / TCPA	Kleinster Passierabstand / Zeitspanne
Crash-stop	Notstopp
Damage	Schaden
Decreasing	Vermindern
Destination	Bestimmungshafen - Zielhafen
Draft	Tiefgang
Drifting	Abtriften
Drop back	Zurückfallen
Embark	Aufsteigen
EPIRB	Emergency-Position-Indicating-Radio-Beacon
ETA	Voraussichtliche Ankunftszeit
ETD	Voraussichtliche Auslaufzeit
Fathom	Faden - 6 Fuß Länge
Fairway	Fahrwasser
Fairway speed	Vorgeschriebene Geschwindigkeit im Fahrwasser

Fishing gear	Fanggeschirr
Flooding	Wassereinbruch
Foul of anchor	Unklarer Anker
Foul of propeller	Unklarer Propeller
Freebord	Freibord
Full speed	Volle Kraft
Fumes	Gase
Gale warning	Sturmwarnung
Give way	Ausweichen
Grounding	Fahrzeug auf Grund
Heading	Ist-Kurs
Hampered Vessel	Manövrierbehindertes Fahrzeug
Increasing	Erhöhen
ITZ	Inshore Traffic Zone
Launch	Aussetzen - z.B. Rettungsboot
Leaking	Durch ein Leck Austreten von Flüssigkeiten
Leeward	Leewärts
Lifeboat	Rettungsboot
List	Schlagseite
Located	Ausgemachte Position eines Objektes
Make water	Wasser machen - Einströmen von Seewasser
Moor	Festmachen
Near gale warning	Starkwindwarnung
Not under command	Manövrierunfähig
Obstruction	Schifffahrtshindernis
Off air	Außer Betrieb - Funkstation
Off station	Betrieben - Tonne
Overflow	Überlaufen
Overtaken	Überholen
Polluter	Umweltverschmutzer
Port	Backbordseite / Hafen
Proceed to	Ansteuern einer bestimmten Position
Recover	Aufnehmen von Schiffbrüchigen
Receiving point	Ansteuerungsort
Refloat	Freikommen nach Auflaufen
Rendezvous	Treffpunkt auf einer bestimmten Position
Reported	Gemeldet
Reporting point	Meldepunkt
Restricted area	Gesperrter Bereich

Restricted Visibility	Vermindert Sicht
Rig move	Bohrinselverlegung
Safe speed	Sichere Geschwindigkeit
Salvage operations	Bergungsarbeiten
Seamark	Seezeichen
Separation zone / line	Trennzone - Trennlinie
Spill	Das unbeabsichtigte Auslaufen von Öl etc.
Stand by	Klar halten - in Bereitschaft sein
Stand clear	Klar halten - von einem Fahrzeug fern halten
Stand on	Beibehalten - Kurs und Geschwindigkeit
Starboard	Steuerbord
Survivor	Überlebende/r
Target	Radar-Zielecho
TEU	**T**wenty Foot **E**quivalent **U**nit - Standard-Container
Track	Der zurückgelegte Kurs zwischen zwei Positionen
Traffic lane	Einbahnweg
Transit	Passage - Durchfahrt
TSS	Traffic Separation Scheme - Verkehrstrennungsgebiet
Tug request	Schlepperanforderung
Unberthing	Ablegen
Underway	In Fahrt
Under-Keel clearance	Wasserhöhe unter dem Kiel
Unlit	Verlöscht - Feuer / Licht einer Tonne
Variable (winds)	Umlaufender Wind
VTS	Vessel Traffic Services - Schiffsverkehrsdienste
VTS area	Gebiet, das von einem VTS kontrolliert wird
Veering (winds)	Rechtdrehend
Waypoint	Wegpunkt - eine Postion die ein Fahrzeug passieren soll
Windward	Luv
Wreck	Wrack